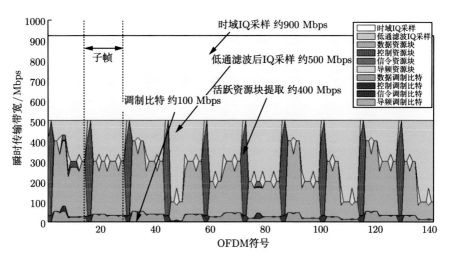

图 3.11　不同基带功能分割方案下前传网传输载荷的瞬时传输速率

仿真参数：单个 20MHz LTE 小区，10 UE，下行单链路传输，考虑了子帧（subframe）粒度的
信道和业务量变化和链路自适应（link adaption）机制

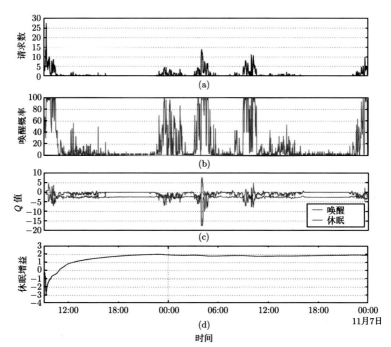

图 4.9　DeepNap算法在实验中学习到的典型休眠模式

清华大学优秀博士学位论文丛书

软件定义超蜂窝网络中的
通信与计算协同设计与优化

刘景初（Liu Jingchu）著

Joint Design and Optimization of Communication
and Computation in Software-Defined Hyper-Cellular Networks

清华大学出版社
北 京

内 容 简 介

本书提出了一种软件定义超蜂窝网络架构,并基于排队模型给出了通信与计算资源双重约束下虚拟基站池最优部署规模的低复杂度求解方法。面向前传带宽压缩,提出了一种基于包交换技术的软件定义前传网架构及两套基带功能分布式部署算法,使得用户可以根据设计偏好进行灵活的计算和前传成本折中设计。针对能耗优化问题,提出了一种基于深度学习的网络休眠控制框架,包括负责长时间尺度的接入控制和短时间尺度的休眠控制。本书可为通信工程相关专业学生、研究者和技术人员提供参考。

图书在版编目(CIP)数据

软件定义超蜂窝网络中的通信与计算协同设计与优化/刘景初著. —北京:清华大学出版社,2020.12

(清华大学优秀博士学位论文丛书)

ISBN 978-7-302-56457-7

Ⅰ. ①软… Ⅱ. ①刘… Ⅲ. ①蜂窝式移动通信网–研究 Ⅳ. ①TN929.53

中国版本图书馆 CIP 数据核字(2020)第 178454 号

责任编辑:王 倩
封面设计:傅瑞学
责任校对:刘玉霞
责任印制:丛怀宇

出版发行:清华大学出版社
   网 址:http://www.tup.com.cn,http://www.wqbook.com
   地 址:北京清华大学学研大厦 A 座 邮 编:100084
   社 总 机:010-62770175 邮 购:010-62786544
   投稿与读者服务:010-62776969,c-service@tup.tsinghua.edu.cn
   质量反馈:010-62772015,zhiliang@tup.tsinghua.edu.cn
印 装 者:三河市铭诚印务有限公司
经 销:全国新华书店
开 本:155mm×235mm 印 张:9 插 页:1 字 数:142 千字
版 次:2020 年 12 月第 1 版 印 次:2020 年 12 月第 1 次印刷
定 价:79.00 元

产品编号:084579-01

一流博士生教育
体现一流大学人才培养的高度（代丛书序）^①

人才培养是大学的根本任务。只有培养出一流人才的高校，才能够成为世界一流大学。本科教育是培养一流人才最重要的基础，是一流大学的底色，体现了学校的传统和特色。博士生教育是学历教育的最高层次，体现出一所大学人才培养的高度，代表着一个国家的人才培养水平。清华大学正在全面推进综合改革，深化教育教学改革，探索建立完善的博士生选拔培养机制，不断提升博士生培养质量。

学术精神的培养是博士生教育的根本

学术精神是大学精神的重要组成部分，是学者与学术群体在学术活动中坚守的价值准则。大学对学术精神的追求，反映了一所大学对学术的重视、对真理的热爱和对功利性目标的摒弃。博士生教育要培养有志于追求学术的人，其根本在于学术精神的培养。

无论古今中外，博士这一称号都和学问、学术紧密联系在一起，和知识探索密切相关。我国的博士一词起源于 2000 多年前的战国时期，是一种学官名。博士任职者负责保管文献档案、编撰著述，须知识渊博并负有传授学问的职责。东汉学者应劭在《汉官仪》中写道："博者，通博古今；士者，辩于然否。"后来，人们逐渐把精通某种职业的专门人才称为博士。博士作为一种学位，最早产生于 12 世纪，最初它是加入教师行会的一种资格证书。19 世纪初，德国柏林大学成立，其哲学院取代了以往神学院在大学中的地位，在大学发展的历史上首次产生了由哲学院授予的哲学博士学位，并赋予了哲学博士深层次的教育内涵，即推崇学术自由、创造新知识。哲学博士的设立标志着现代博士生教育的开端，博士则被定义为独立从事

---

① 本文首发于《光明日报》，2017 年 12 月 5 日。

学术研究、具备创造新知识能力的人，是学术精神的传承者和光大者。

博士生学习期间是培养学术精神最重要的阶段。博士生需要接受严谨的学术训练，开展深入的学术研究，并通过发表学术论文、参与学术活动及博士论文答辩等环节，证明自身的学术能力。更重要的是，博士生要培养学术志趣，把对学术的热爱融入生命之中，把捍卫真理作为毕生的追求。博士生更要学会如何面对干扰和诱惑，远离功利，保持安静、从容的心态。学术精神，特别是其中所蕴含的科学理性精神、学术奉献精神，不仅对博士生未来的学术事业至关重要，对博士生一生的发展都大有裨益。

独创性和批判性思维是博士生最重要的素质

博士生需要具备很多素质，包括逻辑推理、言语表达、沟通协作等，但是最重要的素质是独创性和批判性思维。

学术重视传承，但更看重突破和创新。博士生作为学术事业的后备力量，要立志于追求独创性。独创意味着独立和创造，没有独立精神，往往很难产生创造性的成果。1929 年 6 月 3 日，在清华大学国学院导师王国维逝世二周年之际，国学院师生为纪念这位杰出的学者，募款修造"海宁王静安先生纪念碑"，同为国学院导师的陈寅恪先生撰写了碑铭，其中写道："先生之著述，或有时而不章；先生之学说，或有时而可商；惟此独立之精神，自由之思想，历千万祀，与天壤而同久，共三光而永光。"这是对于一位学者的极高评价。中国著名的史学家、文学家司马迁所讲的"究天人之际，通古今之变，成一家之言"也是强调要在古今贯通中形成自己独立的见解，并努力达到新的高度。博士生应该以"独立之精神、自由之思想"来要求自己，不断创造新的学术成果。

诺贝尔物理学奖获得者杨振宁先生曾在 20 世纪 80 年代初对到访纽约州立大学石溪分校的 90 多名中国学生、学者提出："独创性是科学工作者最重要的素质。"杨先生主张做研究的人一定要有独创的精神、独到的见解和独立研究的能力。在科技如此发达的今天，学术上的独创性变得越来越难，也愈加珍贵和重要。博士生要树立敢为天下先的志向，在独创性上下功夫，勇于挑战最前沿的科学问题。

批判性思维是一种遵循逻辑规则、不断质疑和反省的思维方式，具有批判性思维的人勇于挑战自己，敢于挑战权威。批判性思维的缺乏往往被认为是中国学生特有的弱项，也是我们在博士生培养方面存在的一个普遍问题。2001 年，美国卡内基基金会开展了一项"卡内基博士生教育创新计划"，针对博士生教育进行调研，并发布了研究报告。该报告指出：在美国和欧洲，培养学生保持批判而质疑的眼光看待自己、同行和导师的观点同样非常不容易，批判性思维的培养必须成为博士生培养项目的组成部分。

对于博士生而言，批判性思维的养成要从如何面对权威开始。为了鼓励学生质疑学术权威、挑战现有学术范式，培养学生的挑战精神和创新能力，清华大学在 2013 年发起"巅峰对话"，由学生自主邀请各学科领域具有国际影响力的学术大师与清华学生同台对话。该活动迄今已经举办了 21 期，先后邀请 17 位诺贝尔奖、3 位图灵奖、1 位菲尔兹奖获得者参与对话。诺贝尔化学奖得主巴里·夏普莱斯（Barry Sharpless）在 2013 年 11 月来清华参加"巅峰对话"时，对于清华学生的质疑精神印象深刻。他在接受媒体采访时谈道："清华的学生无所畏惧，请原谅我的措辞，但他们真的很有胆量。"这是我听到的对清华学生的最高评价，博士生就应该具备这样的勇气和能力。培养批判性思维更难的一层是要有勇气不断否定自己，有一种不断超越自己的精神。爱因斯坦说："在真理的认识方面，任何以权威自居的人，必将在上帝的嬉笑中垮台。"这句名言应该成为每一位从事学术研究的博士生的箴言。

提高博士生培养质量有赖于构建全方位的博士生教育体系

一流的博士生教育要有一流的教育理念，需要构建全方位的教育体系，把教育理念落实到博士生培养的各个环节中。

在博士生选拔方面，不能简单按考分录取，而是要侧重评价学术志趣和创新潜力。知识结构固然重要，但学术志趣和创新潜力更关键，考分不能完全反映学生的学术潜质。清华大学在经过多年试点探索的基础上，于2016 年开始全面实行博士生招生"申请审核"制，从原来的按照考试分数招收博士生，转变为按科研创新能力、专业学术潜质招收，并给予院系、学科、导师更大的自主权。《清华大学"申请审核"制实施办法》明晰了导师和院系在考核、遴选和推荐上的权力和职责，同时确定了规范的流程及监管要求。

在博士生指导教师资格确认方面，不能论资排辈，要更看重教师的学术活力及研究工作的前沿性。博士生教育质量的提升关键在于教师，要让更多、更优秀的教师参与到博士生教育中来。清华大学从 2009 年开始探索将博士生导师评定权下放到各学位评定分委员会，允许评聘一部分优秀副教授担任博士生导师。近年来，学校在推进教师人事制度改革过程中，明确教研系列助理教授可以独立指导博士生，让富有创造活力的青年教师指导优秀的青年学生，师生相互促进、共同成长。

在促进博士生交流方面，要努力突破学科领域的界限，注重搭建跨学科的平台。跨学科交流是激发博士生学术创造力的重要途径，博士生要努力提升在交叉学科领域开展科研工作的能力。清华大学于 2014 年创办了"微沙龙"平台，同学们可以通过微信平台随时发布学术话题，寻觅学术伙伴。3 年来，博士生参与和发起"微沙龙"12 000 多场，参与博士生达38 000 多人次。"微沙龙"促进了不同学科学生之间的思想碰撞，激发了同学们的学术志趣。清华于 2002 年创办了博士生论坛，论坛由同学自己组织，师生共同参与。博士生论坛持续举办了 500 期，开展了 18 000 多场学术报告，切实起到了师生互动、教学相长、学科交融、促进交流的作用。学校积极资助博士生到世界一流大学开展交流与合作研究，超过 60% 的博士生有海外访学经历。清华于 2011 年设立了发展中国家博士生项目，鼓励学生到发展中国家亲身体验和调研，在全球化背景下研究发展中国家的各类问题。

在博士学位评定方面，权力要进一步下放，学术判断应该由各领域的学者来负责。院系二级学术单位应该在评定博士论文水平上拥有更多的权力，也应担负更多的责任。清华大学从 2015 年开始把学位论文的评审职责授权给各学位评定分委员会，学位论文质量和学位评审过程主要由各学位分委员会进行把关，校学位委员会负责学位管理整体工作，负责制度建设和争议事项处理。

全面提高人才培养能力是建设世界一流大学的核心。博士生培养质量的提升是大学办学质量提升的重要标志。我们要高度重视、充分发挥博士生教育的战略性、引领性作用，面向世界、勇于进取，树立自信、保持特色，不断推动一流大学的人才培养迈向新的高度。

清华大学校长
2017 年 12 月 5 日

丛书序二

　　以学术型人才培养为主的博士生教育，肩负着培养具有国际竞争力的高层次学术创新人才的重任，是国家发展战略的重要组成部分，是清华大学人才培养的重中之重。

　　作为首批设立研究生院的高校，清华大学自20世纪80年代初开始，立足国家和社会需要，结合校内实际情况，不断推动博士生教育改革。为了提供适宜博士生成长的学术环境，我校一方面不断地营造浓厚的学术氛围，一方面大力推动培养模式创新探索。我校从多年前就已开始运行一系列博士生培养专项基金和特色项目，激励博士生潜心学术、锐意创新，拓宽博士生的国际视野，倡导跨学科研究与交流，不断提升博士生培养质量。

　　博士生是最具创造力的学术研究新生力量，思维活跃，求真求实。他们在导师的指导下进入本领域研究前沿，吸取本领域最新的研究成果，拓宽人类的认知边界，不断取得创新性成果。这套优秀博士学位论文丛书，不仅是我校博士生研究工作前沿成果的体现，也是我校博士生学术精神传承和光大的体现。

　　这套丛书的每一篇论文均来自学校新近每年评选的校级优秀博士学位论文。为了鼓励创新，激励优秀的博士生脱颖而出，同时激励导师悉心指导，我校评选校级优秀博士学位论文已有20多年。评选出的优秀博士学位论文代表了我校各学科最优秀的博士学位论文的水平。为了传播优秀的博士学位论文成果，更好地推动学术交流与学科建设，促进博士生未来发展和成长，清华大学研究生院与清华大学出版社合作出版这些优秀的博士学位论文。

　　感谢清华大学出版社，悉心地为每位作者提供专业、细致的写作和出版指导，使这些博士论文以专著方式呈现在读者面前，促进了这些最新的优秀研究成果的快速广泛传播。相信本套丛书的出版可以为国内外各相关领域或交叉领域的在读研究生和科研人员提供有益的参考，为相关学科领域的发展和优秀科研成果的转化起到积极的推动作用。

感谢丛书作者的导师们。这些优秀的博士学位论文，从选题、研究到成文，离不开导师的精心指导。我校优秀的师生导学传统，成就了一项项优秀的研究成果，成就了一大批青年学者，也成就了清华的学术研究。感谢导师们为每篇论文精心撰写序言，帮助读者更好地理解论文。

感谢丛书的作者们。他们优秀的学术成果，连同鲜活的思想、创新的精神、严谨的学风，都为致力于学术研究的后来者树立了榜样。他们本着精益求精的精神，对论文进行了细致的修改完善，使之在具备科学性、前沿性的同时，更具系统性和可读性。

这套丛书涵盖清华众多学科，从论文的选题能够感受到作者们积极参与国家重大战略、社会发展问题、新兴产业创新等的研究热情，能够感受到作者们的国际视野和人文情怀。相信这些年轻作者们勇于承担学术创新重任的社会责任感能够感染和带动越来越多的博士生，将论文书写在祖国的大地上。

祝愿丛书的作者们、读者们和所有从事学术研究的同行们在未来的道路上坚持梦想，百折不挠！在服务国家、奉献社会和造福人类的事业中不断创新，做新时代的引领者。

相信每一位读者在阅读这一本本学术著作的时候，在吸取学术创新成果、享受学术之美的同时，能够将其中所蕴含的科学理性精神和学术奉献精神传播和发扬出去。

清华大学研究生院院长

2018 年 1 月 5 日

导师序言

众所周知，蜂窝架构是移动通信系统提高频谱效率最有效的手段，它通过不断缩小蜂窝小区的大小，大幅提高网络容量，这种方法成功地支撑了移动通信40多年的飞速发展。但进一步缩小蜂窝小区的大小不仅会增加网络覆盖的成本，还会引起严重的小区间干扰，导致网络运行成本和能耗成本大幅攀升。与此同时，未来5G及其后续演进还需要针对物联网应用提供超大链接和超低时延的服务，现有硬性覆盖的蜂窝架构也是难以应对的。因此，如何将现有蜂窝架构改造得更加节能和更加智能是移动通信可持续发展亟待解决的关键科学问题。

基于我国首个绿色通信领域的国家重点基础研究计划（"973计划"）项目"能效与资源优化的超蜂窝移动通信系统基础研究"，清华大学牛志升教授课题组创新性地提出了一种永远在线的控制覆盖与按需部署的业务覆盖分离，并可在时域和空域上独立进行动态调整的超蜂窝网络新架构，它可以在保证蜂窝网络无缝覆盖和频谱效率的同时，引入基站的动态休眠和资源调度，从而大幅度降低整体能耗，解决了传统蜂窝架构的绿色可持续发展问题。这是移动通信网络架构在40多年来的第一次重大转变，并有望成为5G及其后续演进的关键技术。

与此同时，随着计算技术和机器学习的快速发展，超蜂窝网络可通过在控制基站或业务基站处大量部署计算资源，实现通信基带处理的集中化和资源共享，是下一代蜂窝网络的重要使能技术之一。刘景初博士敏锐地抓住了这个机会，创新性地将云计算、软件定义网路以及机器学习的思想引入超蜂窝网络中，提出了一种基于云化接入、前传网动态分组交换以及网络功能虚拟化的软件定义超蜂窝网络架构，使得超蜂窝网络根据实际业务需求进行动态重构成为可能。同时，给出了其通信资源与计算资源协同设计与优化的理论与方法，进一步提高了超蜂窝网络的灵活性和智能化水平。

具体来讲，本书的主要学术贡献可以概括为以下三点：

(1) 提出了一种软件定义超蜂窝网络架构，并基于排队模型给出了通信与计算资源双重约束下虚拟基站池最优部署规模的低复杂度递归解法，以及虚拟基站池规模较大时的近似闭式表达式。理论分析与数值结果显示：统计复用增益随虚拟基站池规模的增加而迅速递减，因此部署中等规模的基站池更加经济。

（2）面向前传带宽压缩，提出了一种基于包交换技术的软件定义前传（fronthaul）网架构及两套基带功能分布式部署算法，使得用户可以根据设计偏好进行灵活的计算和前传成本折中设计。

（3）提出了一种基于深度学习的网络休眠控制框架，包括负责长时间尺度的接入控制和短时间尺度的休眠控制。两组模型分别通过有监督学习和强化学习方式进行训练，并针对无线信道与移动流量的特性改进训练流程。仿真与数据驱动模拟实验显示：该框架可以通过跨小区信道预测，大量节省接入控制阶段的信道信息获取开销，并在短时休眠控制阶段给出显著优于已有研究结果的休眠策略。

基于上述成果，可使超蜂窝架构的高能效与灵活性以及云化无线接入网的协作通信与低成本得到互补与增强，并且可以在无线资源与计算资源相互耦合的场景中，获得更高的资源部署效率。与此同时，在无线通信资源与计算资源的双重约束下，通过灵活休眠可实现计算资源的动态缩放与优化配置，进一步提升系统运行的能量效率。

总之，软件定义超蜂窝网络将云化无线接入的优势引入超蜂窝架构，通过将控制基站与业务基站的主要信号处理功能集中放置，使得其可以进行高带宽低时延的互联协作。同时，控制基站可有效收集各个业务基站处的网络状态信息，获得对网络运行的全局感知，并作为中央控制实体对各业务基站进行功能控制，实现协作传输与休眠等功能。其次，在云化架构中，控制覆盖和业务覆盖仅仅具有逻辑上的意义，即无线远端设备（RRH）可以被配置为传输控制基站或数据基站的空口射频信号，甚至可以同时传递令令和数据基站的信号（具体的信号传递内容由 RRH 与虚拟基站的逻辑连接决定）。因为 RRH 与基站间映射关系灵活，基站的休眠也只具有逻辑上的意义。最后，控制基站和业务基站的信号处理任务都主要在虚拟基站云以软件的方式进行，它们共享同一套通用计算资源，因此可大幅提高系统的物理资源利用率，进一步增强能量效率。

清华大学电子工程系

2020 年 7 月 19 日

摘　要

　　近年来移动业务的快速增长促使蜂窝通信技术快速演进。云化无线接入网 (C-RAN) 通过计算资源的大量部署与通信基带处理的集中化促进共享，降低成本，这将成为下一代蜂窝系统的重要使能技术之一。然而经典云化无线接入网为了方便进行集中基带处理，过度依赖前传 (fronthaul) 通信资源进行大范围的高带宽基带信号汇聚。通信与计算的失配造成了系统成本的提升和运行效率的降低。本书提出软件定义超蜂窝网络新架构，并引入通信与计算的协同设计与优化，以降低系统成本并提升网络性能。主要研究成果如下：

　　(1) 提出了一种软件定义超蜂窝网络架构，并基于排队模型给出了通信与计算资源双重约束下虚拟基站池的最优部署规模。针对虚拟基站池排队模型给出了计算资源统计复用增益的低复杂度递归解法和大池近似闭式表达式。数值结果显示统计复用增益随池规模增加，但边际效应迅速递减，因此部署中等规模的基站池更加经济。

　　(2) 面向前传带宽压缩提出了两套基带功能分布式部署算法及一种基于包交换技术的软件定义前传网架构。其中基于低复杂度基带逆操作的长期演进系统 (LTE) 下行基带信号压缩算法的压缩比是传统时域压缩算法的 10 倍。另一个基于图聚类的基带功能分布式部署算法利用定制遗传算法对广义基带处理结构给出部署方案，可以根据设计偏好进行灵活地计算和前传成本折中。进一步，基于包交换的软件定义前传网可以通过包调度与路由机制高效承载分布式部署产生的复杂前传流量。

　　(3) 提出了一种基于深度学习的网络休眠控制框架，以利用先进计算模型提升通信性能。该框架包含两组深度学习模型，分别负责长时间尺度的接入控制和短时间尺度的休眠控制。两组模型分别通过有监督学习和强化学习方式进行训练，并针对无线信道与移动流量的特性改进了训练流程。基于仿真（simulation）与数据驱动模拟（emulation）的实验显示，该框架可以通过跨小区信道预测大量节省接入控制阶段的信道信息获取开销，并在短时休眠控制阶段给出显著优于已有研究结果的休眠策略。

关键词：软件定义超蜂窝网络；云化无线接入网；虚拟基站池；前传网；深度学习

Abstract

The explosive growth of mobile traffic has spurred cellular networks to evolve rapidly over the past few years. The cloud-based radio access network (C-RAN) is proposed recently to promote resource sharing and cost reduction with centralized baseband processing, and has become a key enabler for next-generation cellular systems. However the centralized processing in C-RAN requires the collection of high-bandwidth baseband signal, putting excessive pressure on the fronthaul network. This mismatch between communication and computation has caused the surge of cost and the degradation of performance in C-RANs. This book proposes the software-defined hyper-cellular network (SDHCN) to support the codesign and joint optimization of communication and computation for overhead reduction and performance improvements. The main contributions are as follows:

(1) We propose the SDHCN architecture and give the optimal size for deploying virtual base station (VBS) pools under the simultaneous constraint of communication and computational resources. We propose a VBS pool model based on queueing theory and give a low-complexity recursive procedure for evaluating the statistical multiplexing gain of computational resources. For large pools, we also provide a closed-form approximation for evaluating the gain. Numerical results show that the statistical multiplexing gain grows with pool size, but the marginal gain diminishes fast. Therefore it is most economical to deploy middle-sized VBS pools.

(2) To further reduce the fronthauling cost of SDHCN, we propose two algorithms for the distributed deployment of baseband functions as well as a software-defined fronthaul architecture. The first algorithm is a baseband compressor for long term evolution (LTE) downlink. This algorithm is based

on low-complexity baseband reversal and performs 10 times better than existing time-domain baseband compressors in terms of compression radio. Meanwhile, the second graph-clustering-based algorithm can provide deployment schemes for general baseband processing structures with the help of a customized genetic algorithm. These schemes can flexibly achieve different trade-off between computational and fronthauling cost according to design preferences. Moreover, in order to efficiently handle the complicated payloads resulted from distributed baseband deployment, we propose a software-defined fronthaul architecture based on packet switching to enable flexible payload scheduling and forwarding.

(3) We also propose a deep-learning-based network sleeping control framework to improve communication performance with advanced computational models. This framework uses two learning models to carry out long-term access control and short-term dynamic sleeping control. These two models are trained respectively using supervised learning and reinforcement learning procedures enhanced in light of the characteristics of wireless channel and mobile traffic. Experiments with simulation and data-driven emulation show that the proposed framework can greatly reduce the acquisition overhead of channel state information in the access control stage through cross-cell channel prediction, and can learn significantly better short-term sleeping policies than existing methods.

Key words: software-defined hyper-cellular networks (SDHCN); cloud-based radio access network (C-RAN); virtual base station pools; fronthual; deep learning

主要符号对照表

C-RAN	云化无线接入网 (cloud-based radio access network)
EVM	误差向量幅度 (error vector magnitude)
GSCM	基于几何的随机信道模型 (geometry-based stochastic channel model)
IPP	间歇泊松过程 (interrupted Poisson process)
LTE	长期演进系统 (long term evolution)
a_v	第 v 类虚拟基站会话负载率
$f_v(\cdot)$	第 v 类虚拟基站服务率函数
K_v	第 v 类虚拟基站射频服务器数量
M_v	第 v 类虚拟基站数目
$N(\mu,\sigma)$	均值为 μ、方差为 σ 的高斯分布
P^{bc}	计算阻塞率
P_v^{b}	第 v 类虚拟基站总阻塞率
P_v^{br}	第 v 类虚拟基站射频阻塞率
$\Pr\{\cdot\}$	事件概率
$Q(s,a)$	状态为 s 时采取动作 a 的价值函数
$U_{v,m}(t)$	t 时刻第 v 类虚拟基站中第 m 个服务的会话数
γ	奖励折扣系数
λ_v	第 v 类虚拟基站用户会话到达率
$\phi(\cdot)$	高斯分布概率密度函数
$\Phi(\cdot)$	高斯分布概率尾分布函数
$\mathbb{E}\{\cdot\}$	数学期望
$\mathbb{I}\{\cdot\}$	示性函数
(s,a,r,s')	一组强化学习经历 (状态, 动作, 奖励, 下一个状态)

目录

第 1 章　绪　　论

经过几十年的发展，移动网络已与人类生活的方方面面紧密结合。移动业务的不断演化要求蜂窝移动网络也能够推陈出新，以新的架构承载新的需求。本章首先回顾移动通信业务变迁和技术演进的历史，并通过移动业务的发展趋势分析下一代蜂窝移动通信技术的演进目标。进一步，基于此目标剖析传统的以小区为中心的无线接入网架构的不足，介绍云化无线接入网和超蜂窝网络两种新型架构，并对已有相关研究进行整理与综述。最后给出本书的研究内容和结构安排。

1.1　蜂窝移动网络的演进和挑战

1.1.1　移动通信业务的变迁

21 世纪以来的 20 年是无线通信深刻改变人类生活的 20 年。伴随着智能手机（smart phone）和平板电脑（tablet）等移动智能设备在全球数十亿移动网络用户中的迅速普及 [1]，移动网络打破了空间与时间的约束，把互联网送到了每个用户的指尖。全新的商业和服务模式也迅速兴起，通过工作、社交、娱乐、交通等多个切入点，形成了以社交、地理、移动（social, local, mobile, 简称 SoLoMo）为核心特点的移动互联网。随时随地连接移动互联网逐渐成为大多数人的生活常态。

移动互联网日新月异的发展带来了移动网络用户流量的爆发，据思科公司（Cisco）统计：截至 2016 年末，移动互联网每月平均流量已达 7 EB，同比增长了 63%，预计在未来 5 年还将维持 47% 的年复合增长率；并且，现有流量中 60% 以上来自视频流量 [2]。移动互联网应用的连接需求也促使运营商不断提升移动无线网络带宽：截至 2016 年，全球移动网络上下行平均速率已经分别达到了 2.0 Mbps 和 6.8 Mbps，相比上一年增长了 3 倍。

随着物联网（internet of things，IoT）概念的提出，移动网络的应用也从"人与人相连接"延伸到"物与物相连接"。可穿戴便携设备和工业传感器等机器通信终端的互联、互通、互动将智能的触角从网络空间伸向物理世界，为智能家居、智能交通、工业自动化、远程医疗等新的应用场景提供了可能。据爱立信（Ericsson）公司 2016 年的报告统计，截至 2016 年全球机器通信终端的数量已经超过 50 亿台，到 2018 年这一数字已超过个人移动智能设备的数目（见图 1.1）[1]。这预示了移动网络流量的又一次演变—— 以海量同时连接、低数据率、时延需求苛刻为主要流量形态的机器间通信（machine-type communication，MTC）流量将与高带宽的移动互联网流量并存。

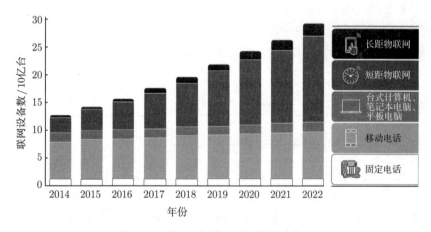

图 1.1　联网设备数量增长趋势及构成

1.1.2　蜂窝通信技术演进历史和目标

移动通信业务的快速发展离不开蜂窝通信技术的持续演进。20 世纪 80 年代，贝尔实验室率先提出蜂窝无线通信的概念，利用空间频率重用（reuse）实现了模拟通信的广域覆盖，形成了第一代移动通信系统（first generation，1G）。其代表业务是模拟语音通信。随后在 20 世纪 90 年代，以 GSM 系统为代表的第二代移动通信系统（second generation，2G）通过引入数字通信技术，大大提高了语音业务的质量并开始提供移动数据业务，支持约 500 Kbps 的数据速率。21 世纪初，第三代移动通信系统（third generation，3G）通过引入码分多址等技术，进一步提高了网络容量，并将移动数据业务的传输速率提升到接近 15 Mbps，开始支持移动多媒体业务。近年来，第四代移动通信系统（fourth generation，4G）在通信标准组织 3GPP 提出的长期演进系统（long term evolution，LTE）框架下，向着提升网络容量和数据传输率的方向更进一步：正交频分复用（orthogonal frequency-division multiplexing，OFDM）和多输入多输出（multiple input multiple output，MIMO）等先进传输技术将数据速率进一步提升到 100 Mbps 量级，开始全面支持移动视频等移动互联网核心业务。为了应对移动互联网业务的进一步发展，第五代移动通信系统（fifth generation，5G）也已经于 2019 年开始推进商用。全息成像（hologram）和虚拟现实（virtual reality，VR）等下一代移动互联网业务对 5G 网络的容量和速率性能指标提出了很高的预期：容量和速率比 4G 网络分别需要提高 1000 倍和 100 倍 [3]。为了实现上述目标，业界与学界认为 5G 系统应该具有如下特征：

（1）密集：通过提高频谱空间重用率、引入低功率节点缩减小区面积 [4]、使用大规模多输入多输出技术 [5] 和全双工技术 [6] 提升无线链路复用度等综合措施，大幅提升单位面积内的可用通信资源。

（2）宽频：通过载波聚合（carrier aggregation）[7]、引入毫米波通信节点 [8]、同其他制式通信系统在免费频段共存 [9] 等手段，将通信链路可用带宽从 4G 系统的数十兆赫提升到数吉赫量级。

（3）异构：在网络中同时利用宏小区、小小区、微小区等多种尺寸的覆盖单元 [10]，并综合利用多种射频接入制式（radio access technology，RAT）[11]，包括设备间的直接通信（device-to-device，D2D）[12]，提升系统对高带宽、高移动等不同应用场景的适配灵活性。

（4）协作：在异构网络不同层次、不同频段、同层中不同小区之间引入紧密的协作 [13]，通过协作的传输与接收 [14]、协作干扰消除 [15] 等措施提升复杂网络的运行效率。

上述四个特征有所区别又紧密联系：密集、宽频是基础，保证网络在理论上有潜力提供高网络容量和高传输速率；而异构、协作是保障，异构化是密集、宽频化的必然结果，而对其进行协同的智能管理才能充分发挥技术潜力，真正达到性能目标。

移动通信系统在过往的演进过程中主要关注网络容量和数据速率这两个性能指标，并且偏重下行方向的数据传输，致力于提升信息分发吞吐量。然而 IoT 等新型移动业务的出现为移动通信系统的持续演进提供了新的性能考量维度。如前所述，机器间通信的主要特点是海量连接同时在线、低数据率、低时延；同时相比移动互联网应用更加偏重上行信息汇集。现有 4G 系统不能很好地满足这些新性能的需求，因此 5G 系统的研发目标中也包含承载 10 亿量级终端同时在线和支持最低毫秒级别的时延 [3]。实现这两个目标主要有两种手段：一是改变以往面向移动互联网设计的空中接口帧结构与协议栈，减小低载荷率业务的连接开销 [16]；二是利用边缘计算（edge computing）[17] 和数据缓存（caching）[18] 等手段，将计算和存储能力前移到蜂窝网络的末梢 —— 无线接入网，缩短信息产生和处理地点的物理距离。上述两种手段要求 5G 系统能够灵活改变通信功能的形态以适配不同的业务需求，并要求蜂窝网络同计算与存储功能进行协同设计与深度融合。

蜂窝系统继续演进的另一个重要考量维度是能量效率。据统计全球通信运营商在 2012 年的平均耗电量已达 260 TW·h[19]，形成了一笔庞大的运营开支。近年来 4G 系统快速推广，截至 2016 年 2 月中国移动部署的基站总数已达 266 万，该数字与 2014 年末相比增加了 47.8%，其中 4G 基站 110 万台，是新增基站的主要部分 [20]。考虑到未来 5G 系统的推出必将进一步加速网络部署，移动通信系统的能耗将进一步蚕食运营商的盈利空间。此外网络能耗还可能产生严重的环境问题，据预测，移动通信领域的 CO_2 排放量到 2020 年将达到 349 Mt，占整个 ICT 领域排放量的 51%[21]。因此移动通信网络的节能势在必行。

1.1.3   以小区为中心的无线接入网

蜂窝网络的进一步演进要求网络具有密集、宽频、异构、协作、灵活、通信计算存储深度融合等诸多特点。针对这些演进目标，传统的以小区为中心的实现方式逐渐成为一个比较主要的障碍。如图 1.2 所示，在以小区为中心的传统无线接入网中，全部物理层、链路层、媒介接入层处理功能以及部分上层协议栈处理功能均在站址处部署的计算平台（即基带处理单元，base band unit，BBU）中实现。BBU 一般放置在该小区天线及射频处理模块（即射频拉远单元，remote radio unit，RRU）附近，构成物理上的基站（base station）。基站间通过回传网（backhaul）进行信息地交互，以完成越区切换和基站协作等功能。出于性能与成本等多方面的考量，物理基站已经由最早的射频馈线互联一体式（图 1.2(a)）发展到了以光纤承载数字化射频信号的分体式架构（图 1.2(b)），RRU 和 BBU 之间的距离也可以达到上百米。

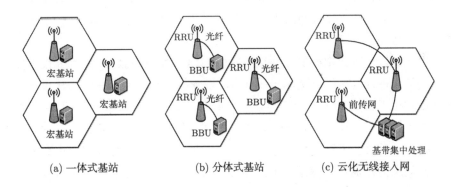

(a) 一体式基站　　　　　(b) 分体式基站　　　　　(c) 云化无线接入网

图 1.2　无线接入网实现方式对比

RRU：射频拉远单元；BBU：基带处理单元

面对蜂窝移动网络的进一步演进需求，以小区为中心的无线接入网有如下不足：①基站间和基站与核心网间的通信由回传网承载，但是回传网的带宽一般受限，限制了网络协作时基站间的信息传递，这一点在密集异构网络中尤其显著；②以小区为中心的无线接入网中，大部分物理资源在小区站址处分散布置，需要为每个基站单独开辟站址并配备维护供电和空调等支持系统，因此各基站无法共享站址资源，网络密集部署时会带来昂贵的网络建设成本（CAPEX）与运维成本（OPEX）；③为了提高运行效率并降低尺寸和功耗，BBU 一般采用由专用芯片、现场可编程逻辑阵列（field-programable gate array，FPGA）和数字信号处理器（digital signal processor，DSP）组成的封闭专用处理平台搭建。这类专用处理平台开发周期长，添加新功能不够灵活，而且由于其封闭性难以深度整合应用层计算和存储功能。

1.2 云化无线接入网研究

1.2.1 整体架构

在上述背景下，云化无线接入网（cloud-based radio access network, C-RAN）[22] 架构应运而生。如图 1.2(c) 所示，不同于以小区为中心的无线接入网，在 C-RAN 中，射频信号在紧邻天线的 RRU 处经过下变频与量化成为数字基带信号后直接交由前传网进行传输。前传网将一定区域内各小区的数字基带信号汇总至中央数据中心，在一个集中的处理平台进行数字处理。Lin 等人也于同时期提出了一种类似的无线接入云（wireless network cloud，WNC）架构 [23]。

相比以小区为中心的无线接入网，C-RAN 优势明显：①站址处仅需要安装简单的 RRU 而避免了维护 BBU 及支持设施，因此站址的建设与运维成本可以大大降低，BBU 的处理功能汇总到中央机房后，还可以通过共享中央机房的基础设施进一步降低运维成本；②由于中央数据中心内部的高带宽，不同小区间的协作通信得以大大简化；③计算资源在中央数据中心的集中为在通用计算平台（general purpose platform，GPP）上以软件定义无线电（software -defined radio, SDR）的方式实现通信处理功能提供了可能。这部分软件一般被称作虚拟基站（virtual base station，VBS）。相比于专用处理平台，在通用计算平台上实现新的软件功能更加敏捷灵活，在运行时对计算资源的调度也更加方便，为通信、计算、存储的融合提供了基础；④此外，通过计算虚拟化技术，多个虚拟基站可以共享物理计算资源形成虚拟基站池（VBS pool），进一步提高计算资源调度灵活性并降低系统成本。

因为以上诸多优势，C-RAN 得到了广泛的关注与研究。文献 [22, 24] 提出了 C-RAN 的主要架构元素并分析了主要的部署场景，包括室内覆盖和热点覆盖等，还提出了基于软件定义无线电平台实现通信处理功能。文献 [25] 进一步剖析了 C-RAN 在密集异构网络中的作用。文献 [26] 将 C-RAN 纳入基于虚拟化的软件定义网络（software-defined network，SDN）的范畴进行研究，并对相关工作进行了总结。

C-RAN 的相关研究涉及诸多方向，下面从虚拟基站池的实现与资源管理和前传网传输与带宽压缩两方面对已有工作进行整理。

1.2.2 虚拟基站池实现及其资源管理

C-RAN 的中央数据中心不受站址等诸多因素的约束,因此对计算资源有更大的选择范围,既可以使用传统的专用芯片、FPGA、DSP 混合架构,也可以使用基于通用计算平台的服务器,还可以采用"通用为主,专用加速"的混合式架构。其中后两种方案与网络功能虚拟化(network function virtualization, NFV)[27] 的概念契合,可以看作 NFV 概念在无线接入网中的延伸。基于通用计算平台以软件的方式实现基站的通信计算功能是 C-RAN 的重要研究方向之一。然而,通用计算平台具有实时性差、能耗高的特点,其实现相对比较困难。中国移动研究院在 C-RAN 白皮书中也将"基于软件实现的开放平台虚拟化基站"作为主要技术挑战之一 [22]。

文献 [23] 最早提出了虚拟基站池的概念定义,讨论了可能的架构并对虚拟基站池的实现可行性做了分析讨论。文章分析指出,因为通信信号处理的高度并行性,借助通用计算平台日益强大的并行处理能力可以极大地提高平台的处理性能。基于这样的思路,文章在通用计算平台上实现了上、下行各 60 Mbps 吞吐量的 WiMAX(802.16e)协议栈。该作者进一步在文献 [28] 中对上述系统进行扩展优化,实现了在同一个物理服务器上处理多个基站数字处理任务的"池化"功能。

文献 [29] 将虚拟基站池的概念应用于 LTE 协议栈,实现了用单个 CPU 承载 3 个 5 MHz LTE 基站的基站池原型。文章还基于现网的流量数据,通过仿真近似的方法给出了基站池化带来的计算资源统计复用增益,因为多个基站基带信号处理任务量的波动互补,池化后总体的计算资源节省最高可以达到 40%。

文献 [30] 进一步将集中基站池的概念应用于多用户 MIMO 系统以协同处理多天线的信息。该工作基于分布式流水线的理论框架,将多用户 MIMO 系统涉及的大量矩阵操作分发给多个通用服务器进行并行处理以提高实时性。该工作使用 15 台通用服务器实现了具有 12 根天线的多用户 MIMO 系统,处理时延低于 1 ms。

基站池原型系统验证了使用通用计算平台实现基站池的可行性,然而在这些原型系统上只能对基站池进行小规模的性能分析,对大规模基站池的部署指导意义不大。因此十分必要对基站池进行理论建模并对资源管理进行分析。

文献 [31] 给出了基站池动态处理特性的排队模型。基站池被建模为一个 $M/M/N(0)$ 马尔可夫排队系统，其中 N 为计算资源的数目。如果用户会话（session）到达队列后计算资源已经被占用，则将其阻塞。除此以外，作者指出对计算资源进行管理也有一定的时间开销，如果基站池中的计算资源或并发对话数过多，那么用户的会话也会因为管理开销过大而超时阻塞。因此基站池中的计算资源数目不是越多越好。作者在多项式复杂度资源管理算法的假设下，给出了一定的阻塞率约束下基站池中计算资源数目的最优值。

基带处理任务与计算资源之间的映射关系也有多种选择，可以采用单基站静态映射、多基站静态映射、多基站动态映射等多种方式。例如文献 [29] 提出了一种静态的多基站计算资源映射策略，文献 [32] 提出对中央数据中心中的计算资源进行分簇，形成多个独立的子基站池，分别服务于不同的基站群，以更有效地利用中央数据中心中的计算资源。同时，作者还考虑了多运营商共存的情况下，计算资源分割或共享对系统性能的影响。

1.2.3 前传网传输和带宽压缩

前传网对基带信号的汇聚是 C-RAN 基带集中处理的前提，因此前传网上基带信号的高效传输也是一个研究重点。多家厂商讨论形成了前传网基带信号传输的 CPRI（common public radio interface）标准 [33]。该标准规定了一种恒定速率的数据帧格式来传输基带采样载荷和必要的控制信息，并定义了 BBU 和 RRU 间的主/从点到点前传逻辑拓扑。此外，考虑到前传网的传输波形信息，还需要被 RRU 提取以维持时钟同步，CPRI 标准还规定了波形的时钟抖动和相位同步精度。

点到点前传网逻辑拓扑最直观的实现方式是将 RRU 和 BBU 通过单根光纤直接连接。然而该种方法需要占用极大量的光纤资源。针对这个问题，文献 [34] 提出将 CPRI 的逻辑连接叠加在波分复用（wavelength-division multiplexing，WDM）光网络上。WDM 光网络具有足够的传输带宽并且支持透明的光域电路交换，可以极大地简化前传网的铺设和管理。

前传网的逻辑拓扑还可以适配网络中的业务特性，文献 [35] 提出根据区域业务特性动态改变 RRU 及 BBU 间的逻辑连接，以达到通信与计算资源适配业务的目的。具体地，当区域内业务量较小时，可以将多个 RRU 连接到同一个 BBU，使得多个小区形成分布式天线系统（distributed antenna system，DAS）以共享频谱资源及计算资源；当区域内业务量上升时，则调整前传网使 RRU 与 BBU 形成单对单的逻辑拓扑，避免因频谱资源或计算资源不足而发生阻塞。

基带信号汇聚的一个严重问题是带宽需求过高。考虑一个 20 MHz LTE 小区，某一天线单元在某一频点产生的单路天线–载波（antenna carrier，AxC）基带信号需要消耗约 1 Gbps 的前传网链路带宽[33]。现网中多天线、多载波、多小区的站址十分普遍，因此在网络中大范围进行基带汇聚需要消耗巨大的前传带宽，这要求海量的基础设施建设投入。进一步考虑到 5G 系统将向密集化及宽频化演进，可预见前传带宽的瓶颈问题将愈发凸显。

针对前传带宽需求大的问题，一些已有工作研究了基带信号压缩算法。基带压缩系统一般在上行方向先在 RRU 端对基带信号进行压缩再进行前传传输，在 BBU 端接收信息并进行解压缩后，交由 BBU 进行基带处理；下行方向的压缩与传输过程与此类似。文献 [36] 提出了一种时域基带压缩算法，对基带采样先进行低通滤波和降采样，以消除空白保护频带冗余，再利用基带信号在时域上的能量非平稳性通过数字自动增益控制（digital automatic gain control，DAGC）降低基带信号波形的动态范围，最后对经过以上处理的信号进行非线性标量量化。该算法简单且实时性好，在 1.5% 的恢复重建误差下可以达到 30% 左右的压缩率。

基带压缩的另一种思路是通过合理地在 RRU 端和 BBU 端重新分割基带处理功能，降低前传网载荷的带宽。这种方法的内涵在于：基带处理模块本质是在上/下行方向对信号逐级减小/添加冗余，以对抗无线传输的不理想性。因此如果 RRU 端与 BBU 端对处理模块的分配得当，则可以减少前传网络需要传递的冗余信息量。文献 [24] 和 [37] 考虑并对比了 LTE 系统中几种典型的基带功能分割方案的带宽节省量和相应的时延需求变化。

1.3 超蜂窝网络架构及能效与资源的联合优化

超蜂窝网络（hyper-cellular network，HCN）架构是近年提出的一种有潜力大幅提升蜂窝系统能量效率的新型移动网络架构，于 2012 年列入国家重点基础研究发展计划（"973 计划"），在课题"能效与资源优化的超蜂窝移动通信系统基础研究"中进行了全方位研究[38−39]。超蜂窝网络架构的核心特点是控制覆盖与业务覆盖的适度分离，其结构如图 1.3 所示，控制基站覆盖范围较大且全时在线，主要负责保证全网的信令无缝覆盖，还负责低速率数据业务及部分广域高速率数据业务。业务基站覆盖范围较小，主要负责在热点区域有针对性地服务高速率数据业务，业务量较低时还可以进行动态休眠。

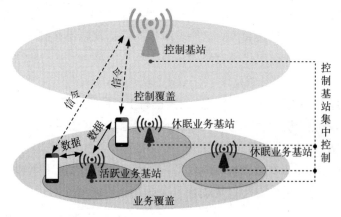

图 1.3　超蜂窝网络架构示意图

控制基站与业务基站基于控制与数据分离的思想进行协作，由控制基站负责收集全网状态信息并集中调配业务基站的运作。例如当业务基站覆盖区域业务量降低时，控制基站可以指导其进行休眠以降低网络能耗[40]，同时直接接替休眠业务基站进行服务或将剩余用户负载转移到邻近的活跃业务基站[41−42]。超蜂窝网络架构通过控制覆盖与业务覆盖的解耦在网络中引入了柔性的覆盖伸缩、弹性的资源匹配和适度的业务服务，为移动网络的进一步演进指出了一条通过控制与数据分离和资源对业务的弹性匹配实现网络密集协作与智能调控的可行思路。

1.4　研究内容与结构安排

本书针对 C-RAN 基带信号汇聚引入前传瓶颈问题，结合超蜂窝网络架构中控制与数据分离的思想，提出通信与计算协同的软件定义超蜂窝网络架构（software-defined hyper-cellular network，SDHCN）。该架构中的无线射频资源、前传传输资源与计算资源在逻辑集中的控制平面指导下进行协同地重构与配置。SDHCN 中的通信与计算协同不仅可以实现网络部署与运行成本降低，还可以利用丰富的通用计算资源承载高级网络控制算法以提高通信性能。本书研究内容如图 1.4 所示：第 2 章首先提出 SDHCN 架构，并对其中用于通信基带处理的计算资源部署规模进行建模分析；第 3 章通过基带计算功能在网络中的分布式部署降低前传网传输带宽需求，并针对分布式部署产生的新传输需求设计了软件定义的前传网；第 4 章利用 SDHCN 中丰富的通用计算资源承载基于深度学习计算模型的网络休眠控制算法，降低网络运行开销同时提升网络性能；第 5 章总结本书研究工作并做出展望。后续章节及相应论文发表情况如下。

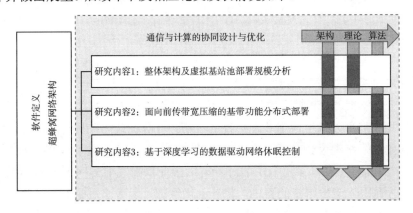

图 1.4　本书研究内容

第 2 章首先提出 SDHCN 架构，进而协同考虑通信与计算资源的约束以分析虚拟基站池的最优部署规模。SDHCN 架构融合了超蜂窝网络架构中控制与数据分离的特点和 C-RAN 集中处理带来的优势。该架构将可重构的射频资源、多层次的计算资源与灵活的前传资源作为数据平面，在逻辑集中的控制平面实体统一协调之下进行通信与计算的协同控制，优化网络整体的部署成本与运行效率。该架构中的一项基本通信与计算协同设计任务是确定最优的计算资源部署规模。通信基带处理的集中化要求进行信号的汇聚，但大规模的汇聚也会引入很高的前传带宽开销。因此本章采用建模分析的手段研究虚拟基站池中计算资源统计复用增益与池规模的关系，以在集中部署增益与前传汇聚开销之间进行最优折中。本章首先提出一个考虑了计算与通信双重约束的会话（session）时间尺度虚拟基站池排队模型。为衡量通信服务质量，推导得到会话阻塞率的低复杂度递归算法，并对规模很大的基站池给出会话阻塞率的闭式近似表达式以进一步简化对服务质量的评估。基于上述理论结果对不同规模虚拟基站池的统计复用增益进行数值分析，结果显示统计复用增益在基站池较小时，随着规模的增加其边际效应迅速递减；在大池中，递减速度指数约在池规模的 3/4 与 1/2 之间。此外本部分还展示了统计复用增益与负载率、服务质量要求之间的定性关系。本章提出的 SDHCN 架构发表于 *IEEE Wireless Communications Magazine* [43]，虚拟基站池的理论建模分析工作发表于 *IEEE Globecom 2014* [44] 和 *IEEE Transactions on Wireless Communications* [45]，并被 C-RAN 学术专著 *Cloud Radio Access Networks: Principles, Technologies, and Applications* [46] 收录。

第 3 章提出利用基带功能的分布式部署来高效压缩前传带宽的算法，并针对分布式部署引入的前传传输新需求提出一种基于包交换的软件定义前传网络架构。基带发信机的信号处理过程实质上是在用户信息中逐层增加冗余信息以抵抗信道非理想性的过程；收信机处理过程与此相反。传统云化接入网因为传输了冗余度最高的时域基带采样而带宽很高。通过改变基带功能在 RRU 和 BBU 的分配可以改变暴露在前传网上流量的冗余性，达到压缩前传带宽的目的。基于上述原理，本章首先提出一种基于低复杂度基带逆操作的 LTE 下行时域基带信号压缩算法，该算法采用变换域结构化矢量量化方法挖掘下行基带信号中的确定性冗余信息，经验分析与数据验证显示该压缩算法可以获得约 30 倍的高压缩比。基带处理结构尚处在不断的演进中，需要一个通用的框架来处理新型基带处理结构的分布式部署问题。本章基于有向图表达广义的基带处理结构，将基带功能的分布式部署问题建模为一个图聚类问题，并提出一种基于图的遗传算法求解该问题。仿真结果显示该算法给出的分布式部署方案可以根据设计偏好在计算成本与前传成本间进行灵活折中，并可在协作传输和严苛时延约束下生成合理的分布式部署方案。基带处理功能的分布式部署会引入具有突发性的前传流量，并需要支持复杂的逻辑拓扑，而传统前传网仅支持点到点恒定带宽的前传采样传输。本章基于包交换技术提出一种软件定义前传网架构,通过灵活的流量包调度与交换解决上述问题,并对前传流量进行会话粒度管理以降低开销。本章提出的基带压缩算法参加了第六届爱立信杯创新设计大赛并获第一名,基于有向图的基带功能分割部署相关工作发表于 *IEEE ICC 2015* [47],软件定义前传网相关工作发表于 *IEEE Wireless Communications Magazine* [48]。

第 4 章利用深度学习计算模型设计网络休眠控制算法以提升 SDHCN 的运行效率。首先提出数据驱动的 SDHCN 休眠控制框架。该框架包含两个基于深度学习的功能模块,分别运行在长、短两个时间尺度上:在长时间尺度上,信道预测模块根据用户的长时信道情况选择其接入的业务基站,没有用户接入的业务基站则进入长时休眠状态;在短时间尺度上休眠控制模块根据未休眠业务基站中的用户业务情况进行短时动态休眠控制。其中长时间尺度信道预测模型采用有监督学习方式训练,可根据用户到控制基站处的高维信道观测预测用户到各业务基站的信道情况。该方法避免了逐业务基站进行基于导频的信道估计,大大降低了密集业务基站部署情况下的信道信息获取开销。另外短时间尺度业务基站休眠控制模型采用深度强化学习框架构建,可通过与业务源的智能互动自动学习最优的短时休眠控制策略。该模型针对移动网络流量的非平稳性改进了原始的深度 Q 网络算法,提出了动作平衡的经历回放与自适应奖励缩放两种新机制,并基于 Dyna 框架进行在线环境估计和模拟以加速模型训练。基于网络实测数据的模拟实验显示该算法给出的休眠策略显著优于已有研究工作给出的结果。本章跨小区信道预测模型相关工作已发表于 *IEEE Globecom* 2015[49]。

第 5 章对本书内容进行总结并对后续工作进行展望。

第2章 软件定义超蜂窝网络及虚拟基站池部署规模分析

2.1 引言

绪论中介绍了移动业务的发展趋势与蜂窝移动通信系统的演进方向。其中 C-RAN 是下一代蜂窝通信系统的重要使能技术,通过基带信号的汇聚与基带计算功能的集中处理可以降低网络建设运营成本、简化协作通信、提升资源利用率。超蜂窝网络是近年来提出的另一种新型网络架构。该架构基于控制与数据分离的思想将网络资源分为稀疏布置全时在线的控制层与热点部署动态休眠的业务层,实现了频谱和能量资源与业务的弹性匹配。

传统的 C-RAN 要求在大范围内汇聚高带宽的基带时域采样信号流,同时还要求前传网保持极低的传输时延并随路传输同步信息,这对前传网的建设和管理提出了巨大的挑战。可以说传统 C-RAN 采取了以高昂的前传成本换取计算成本降低和灵活性提升的极端折中模式。针对上述问题,本章提出软件定义超蜂窝网络架构。该架构融合了超蜂窝网络控制与数据分离的思想和 C-RAN 以前传成本换取计算增益的特性,将计算、前传传输、射频处理等网络资源作为可重构的数据平面,并使用一个集中的控制平面进行统一调度。通信与计算资源可以通过控制平面的协调达到协同运作的效果,避免了传统 C-RAN 过度依赖前传通信资源造成的问题。此外计算资源还可以被用于实现基带处理之外的网络控制功能,以进一步提升通信性能。

软件定义超蜂窝网络架构中计算资源的最主要作用是承载虚拟基站，因此根据基带计算任务量规划虚拟基站池规模并部署计算资源是最基本的一项通信与计算协同设计任务。基站池中的各小区任务量随机变化、互补抵消，使总体计算资源需求降低并形成计算资源的统计复用效应。一般来说，虚拟基站池的规模与计算资源统计复用增益呈正相关[50]，但不可忽视的是其覆盖范围内小区的前传网传输成本也与虚拟基站池规模成正比。因此需要对计算资源统计复用增益和前传网汇聚成本进行联合考虑，通过调整虚拟基站池的规模在计算增益与前传成本间进行最优折中。

本章 2.2 节首先提出软件定义超蜂窝网络架构并详细介绍其构成和运行方式。2.3 节对软件定义超蜂窝网络中的虚拟基站池进行通信与计算协同的建模分析，为异构虚拟基站池提出一个会话（session）时间尺度的随机排队模型，并求解统计复用增益与基站池规模的数值关系，进而分析虚拟基站池的最优部署规模。2.4 节对本章内容进行总结。

2.2　软件定义超蜂窝网络架构

本章提出的软件定义超蜂窝网络架构如图 2.1 所示。该架构包含虚拟

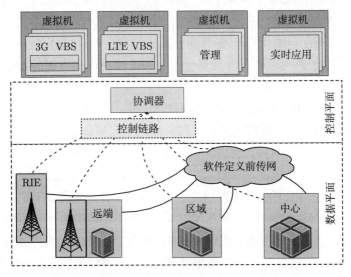

图 2.1　通信与计算协同的软件定义超蜂窝网络架构

化的基础设施和软件定义的服务，其中虚拟化的基础设施可以进一步分解为异构的数据平面物理资源与一个解耦的控制平面实体协调器。协调器负责进行通信与计算协同的资源管理和虚拟化。注意协调器仅仅是逻辑上集中的实体，物理上可以将其进一步设计成层次化的结构以提高扩展性。软件定义的服务基于虚拟资源构建。下面详细介绍该架构的组成部分。

2.2.1　数据平面

本架构的数据平面包含射频接口设备、软件定义包交换前传网和计算资源。

(1) **射频接口设备**：射频接口设备对射频信号和数字信号进行转换，还进行某些射频资源切割工作。在下行方向，射频接口设备将基带采样信号转换为射频信号并经由天线发送；在上行方向，射频接口设备接收射频信号并将其转化为基带数字采样信号。射频接口设备中的射频链有别于传统射频链，可以进行如中心频率重配置和休眠等重构操作，但每个射频接口设备的重构能力可能因为实现细节不同而有所区别。

(2) **软件定义包交换前传网**：射频接口设备、计算资源还有其他系统组件通过一个软件定义的包交换前传网连接。该网络的物理层包含软件定义交换机和时间频率同步设备。软件定义交换机由协调器协调进行如构建转发表等控制操作。基带处理功能产生的信息在该前传网络中以包的形式传递和交换，因此可以动态调整虚拟基站和远端站址的逻辑连接关系。同时为了降低开销，对前传流量包的传输通过虚电路方式进行会话粒度管理。

(3) **计算资源**：计算资源负责所有数据平面的计算任务。除了与通信有关的基带计算任务，计算资源也可以承载应用层的计算任务，形成边缘计算服务器（edge server）。这些计算资源并不是全集中的，除了聚集放置在数据中心外，还分布在站址处射频接口设备旁负责时延要求高的任务中，或在某个区域内负责进行小范围的计算任务汇聚。计算资源不需要有相同的计算能力，站址处的计算资源因为业务有限和物理限制所以处理能力有限，区域计算资源处理能力更强，而中央数据中心中的计算资源则具有很强的计算能力。计算资源仅指通用处理器，为了增加某些任务的处理效率，也可配备硬件加速器。

2.2.2　控制平面

协调器通过南向接口控制数据平面的物理资源,功能包含射频接口管理、前传会话管理和位置感知计算。数据平面的资源通过专用的控制信道接收控制指令并向协调器汇报当时当地的网络上下文信息。根据具体实现情况,控制信道既可以通过有线方式实现(对网络侧资源),也可以被无线链路承载(对用户侧资源)。

(1) **射频接口管理**:射频接口管理模块控制在射频接口设备上传输的射频资源和传输功率。虽然射频资源在射频接口设备上传输,但是可以利用边缘计算资源进行精细的射频资源管理和更灵活的虚拟化。射频接口管理器可以有选择性地关闭射频接口设备来减少系统能耗。

(2) **前传会话管理**:前传会话管理功能对软件定义交换机进行调度并对前传会话进行管理,以此提供有一定服务质量保证的端到端前传服务。该功能拥有一个业务需求数据库,还能够感知软件定义交换机的容量、占用率、服务策略。这些信息均通过控制信道进行定时更新。前传会话管理模块基于上述信息指挥交换机预留链路带宽和交换资源来保证服务质量。

(3) **位置感知计算**:位置感知计算模块根据计算任务与当地计算资源的匹配度调配计算资源。计算任务一般有一定的计算量和时延需求,同一时间不同地点的计算资源的计算能力也可能不同。位置感知计算的目标是通过计算任务与资源的匹配实现实时性、资源占用率、能耗之间的最优折中。为了完成此项工作,位置感知计算功能模块需要获知计算任务的时延、资源需求、发生地点、目标地点等信息,并考虑不同位置资源的当前占用率和运营商的服务策略。因为处理结果需要被发送到不同地点,分配策略也取决于对应前传链路的服务质量。

控制平面通过北向接口对物理资源进行虚拟化并整合为一个虚拟的基础设施。本架构提供三种虚拟资源:

(1) **虚拟计算资源**:计算资源通过虚拟机(virtual machine)的方式呈现。这些虚拟机和互联网公有云的虚拟机不同,需要具有实时处理能力。为此,协调器调用位置感知计算模块以对物理计算资源和计算任务进行匹配。虚拟机还有可能被动态地迁移到不同的物理资源上,以在变化的环境中维持虚拟机的实际性能。

(2) **虚拟前传资源**:虚拟前传资源以具有一定服务质量保证的端到端

链路来呈现，主要指标包括带宽和时延。不同服务对于上述指标的需求可能大不相同。例如，基带处理任务需要 Gbps 量级的带宽和 100 μs 尺度的时延，而移动云计算服务需要 Mbps 量级的带宽和 10 ms 尺度的时延。协调器依赖前传会话管理器来对异构的数据平面物理网络资源进行协同调度以满足上述需求。

(3) **虚拟射频资源**：调度器在射频接口管理模块的协助下进行射频资源的虚拟化。虚拟射频资源的表现形式为在某一地点以某信干噪比传输的时频资源块。选取这样的底层抽象是因为基于底层抽象更易于构建软件定义的基带处理功能。使用高层射频资源抽象构建应用层服务更方便，此时可以基于底层抽象定义高层射频资源抽象。

2.2.3 软件定义服务

基于虚拟资源可以方便地部署各种软件定义服务。服务提供商可以根据需求来申请和使用虚拟资源，而不需要直接操作物理资源，这可以极大地简化服务的构建和部署过程。上述架构能支持的一种最基本的服务就是虚拟基站，运营商只需要请求相应的虚拟资源并部署虚拟基站软件，一个与物理基站功能等同的基站就能够部署到位。其他的移动通信功能可以基于基站进一步构建。该架构也能支持高级的无线通信功能，包括动态调整云化无线接入的基站池规模和基带功能分割的方式。此外，该架构还支持部署类似互联网公有云的应用层服务，并提供更好的时延保障。

2.3 虚拟基站池部署规模分析

在软件定义超蜂窝网络中，可以通过调整虚拟基站池规模在计算资源统计复用增益与前传网汇聚成本之间进行折中。然而已有工作对虚拟基站池最优部署规模的研究尚不充分。在实验验证方面，尽管小规模实验已经证实了统计复用增益与虚拟基站池的规模呈正相关[29]，但是因为实验成本过高至今尚无全面的大规模实验验证；在理论建模方面，已有研究工作在模型中仅考虑了计算资源约束，而忽略了射频资源对通信性能的主要约束作用[31]。实际上射频资源才是限制通信性能的首要因素，因此理论模型需要对通信与计算资源协同考虑才能准确刻画资源的动态占用特性。

下面首先提出一个具有通信与计算双重约束的会话时间尺度基站池排队模型，并给出该模型下会话阻塞率的平方复杂度计算方法和大池闭式近似表达式。进而基于上述结果推导统计复用增益与池规模的关系，并针对实时业务和时延容忍业务给出必要的模型参数。最后基于以上结果进行数值实验。

2.3.1　虚拟基站池模型

本部分首先提出一个会话时间尺度的异构虚拟基站池马尔可夫模型，模型如图 2.2 所示。为保证模型的一般性，假设虚拟基站按类别分为 V 个虚拟基站群，其中第 v 个虚拟基站群（$v = 1, 2, \cdots, V$）中总共有 M_v 个基站，每个基站分配有 K_v 个单位的射频通信资源；而所有类别虚拟基站共享总量为 N 单位的计算资源。此外假设每个用户会话需要同时占用一个单位的射频通信资源和一个单位的计算资源①。为简化表示，后续内容中分别用射频服务器和计算服务器来指代射频资源和计算资源。

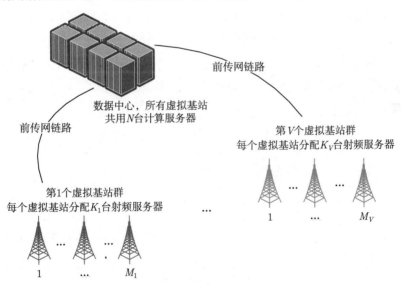

图 2.2　异构虚拟基站池马尔可夫模型示意图

①尽管基带处理中也有与用户会话数无关的计算负载，但是文献 [29] 指出绝大部分的计算负载与用户会话数量成正比，因此假设计算资源占用与用户会话数成正比是合理的。此外，还假设为每个会话预留的射频和计算资源能够满足其峰值服务量需求。如果会话瞬时服务量需求低于峰值，则假设多余的物理资源被闲置。

2.3.1.1　会话模型与接入控制

假设在每个虚拟基站的覆盖范围内，各用户以独立的泊松过程产生会话，由泊松过程的可叠加性可知总会话到达过程也是泊松过程。在用户分布均匀的假设下总到达率正比于其覆盖范围面积。不同类别虚拟基站群内的虚拟基站可以具有不同大小的覆盖面积，也就可以有不同的会话到达率。记第 v 类虚拟基站的总会话到达率为 λ_v。

模型基于"服务量"的概念刻画虚拟基站池对用户的服务[①]。假设每个用户会话需要的服务量服从负指数分布，而虚拟基站池管理器为每类虚拟基站分配的总服务量是该类基站内总会话数的函数，且为保证公平性，假设分配的服务量被该类虚拟基站的所有用户会话平分。根据上述假设，若记第 m 个 v 类虚拟基站在时间 t 时的会话数为 $U_{v,m}(t)$，则可将上述服务机制表达为第 m 个 v 类虚拟基站在 t 时刻的会话服务率为 $f_v(U_{v,m}(t))$。上述泊松假设在已有工作中被广泛用于检验随机性对通信系统性能的影响[51-52]。

虚拟基站池对新到达的会话施加接入控制以保证已接收会话的服务质量。对于到达某个第 v 类虚拟基站的用户会话，仅当该虚拟基站中已被占用的射频服务器数目小于 K_v，且中央数据中心中已被占用的计算服务器数目小于 N 时才允许其介入，否则将其阻塞（block）。

2.3.1.2　稳态分布

基于用户会话到达和服务的马尔可夫性可知各虚拟基站中用户会话数向量

$$\boldsymbol{U}(t) = (U_{1,1}(t), \cdots, U_{1,M_1}(t), \cdots, U_{V,1}(t), \cdots, U_{V,M_V}(t))^{\mathrm{T}} \tag{2-1}$$

是一个多维马尔可夫生灭过程。进一步考虑接入控制机制可以得到其可行状态空间

$$\boldsymbol{U}(t) \in \mathbb{U} = \left\{ \boldsymbol{u} \mid 0 \leqslant u_{v,m} \leqslant K_v, \ 0 \leqslant \sum_{v=1}^{V} \sum_{m=1}^{M_v} u_{v,m} \leqslant N \right\} \tag{2-2}$$

---

① 需注意此处服务量是抽象的概念，并不与射频服务器和计算服务器的数量直接关联，其具体含义可以根据应用场景进行解读，例如语音通话服务量可以解读为通话持续时间，而数据类服务则可以解读为数据量。

其中，$\boldsymbol{u} = (u_{1,1}, \cdots, u_{1,M_1}, \cdots, u_{V,1}, \cdots, u_{V,M_V})^{\mathrm{T}}$ 是状态向量。从任一状态 $\boldsymbol{u}'$ 到另一个状态 $\boldsymbol{u}''$ 的转移率为

$$q_{\boldsymbol{u}'\boldsymbol{u}''} = \begin{cases} \lambda_v, & \boldsymbol{u}'' - \boldsymbol{u}' = \boldsymbol{e}_{v,m} \\ f_v(u'_{v,m}), & \boldsymbol{u}'' - \boldsymbol{u}' = -\boldsymbol{e}_{v,m} \\ -\lambda_v - f_v(u'_{v,m}), & \boldsymbol{u}'' = \boldsymbol{u}' \\ 0, & \text{其他情况} \end{cases} \tag{2-3}$$

其中，$u'_{v,m}$ 是 $\boldsymbol{u}'$ 的第 $(\sum\limits_{w=1}^{v-1} M_w + m)$ 项，同时

$$\boldsymbol{e}_{v,m} = (0, \cdots, 0, \underbrace{1}_{\text{第}(\sum\limits_{w=1}^{v-1} M_w + m)\text{项}}, 0, \cdots, 0)^{\mathrm{T}} \tag{2-4}$$

是长度为 $\sum\limits_{v=1}^{V} M_v$ 的 0-1 示性列向量。为了便于理解，图 2.3 中给出了一个双基站虚拟基站池模型的状态转移示意图。

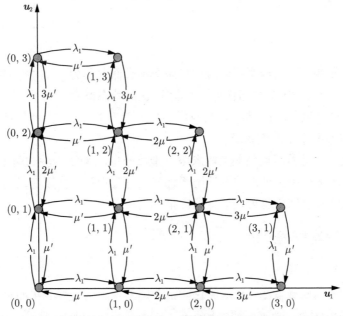

图 2.3　一个双基站虚拟基站池模型的状态转移示意图

$\boldsymbol{u}_1$ 轴和 $\boldsymbol{u}_2$ 轴分别代表两个虚拟基站中的活跃会话数，每个点为一个系统状态，参数为：$V = 1$, $M_1 = 2$, $K_1 = 3$, $N = 4$, $f_1(n) = n\mu'$

实际上，符合上述形式的马尔可夫链是一种随机背包（stochastic knapsack）系统[53]。随机背包问题是传统背包问题在随机情况下的扩展，物品到达和离去背包的过程均具有随机性。本节提出的模型等价于施加了具有坐标凸性（coordinate convex）准入控制策略的随机背包系统①。但是针对这类随机背包问题的已有研究仅关注低维背包问题，而本书的研究重点是求取高维背包的稳态特性。

文献 [55] 中已证明了会话数向量 $U(t)$ 可逆且具有乘积形式的稳态分布：

$$\Pr\{u\} = P_0 \prod_{v=1}^{V} \prod_{m=1}^{M_v} \frac{\lambda_v^{u_{v,m}}}{u_{v,m} \prod_{i=1}^{u_{v,m}} f_v(i)} \tag{2-5}$$

其中，

$$P_0 = \Pr\{0,\cdots,0,\cdots,0\} = \left(\sum_{u \in U} \prod_{v=1}^{V} \prod_{m=1}^{M_v} \frac{\lambda_v^{u_{v,m}}}{u_{v,m} \prod_{i=1}^{u_{v,m}} f_v(i)} \right)^{-1} \tag{2-6}$$

是零状态的概率，该概率可以通过稳态概率分布总和为 1 的性质导出。从式 (2-5) 和式 (2-6) 中可知任何一个状态 u 的稳态概率正比于一系列项的乘积，且这些项的取值仅与 u 自身的各维取值有关。各状态间的耦合仅来自于零状态概率中的概率求和。

备注 1　上面假设服务量需求服从指数分布，然而值得一提的是文献 [55] 也指出上述乘积形式的解适用于任何具有有理拉普拉斯变换的服务量分布，因此本书结论也可以进行相应推广。

2.3.2　阻塞概率分析

2.3.2.1　穷举求解

为了求解阻塞概率，将准入控制造成的会话阻塞事件归为两类：射频阻塞事件和计算阻塞事件，两者的并集为总体阻塞事件集合。其中射频阻

---

① 简单来说，具有坐标突性的准入策略形成的可行状态空间能保证：某状态是可行状态的充要条件是其某个维度的取值小于某个已知可行状态对应维度的取值。具体定义请参考文献 [54]。

塞是仅因为射频服务器不足造成的阻塞事件，即

$$U_{v,m}(t^-) = K, \quad \text{且} \quad \sum_{v=1}^{V} \sum_{m=1}^{M_v} U_{v,m}(t^-) < N \tag{2-7}$$

而计算阻塞由计算服务器不足造成（射频服务器也有可能同时不足），即

$$\sum_{v=1}^{V} \sum_{m=1}^{M_v} U_{v,m}(t^-) = N \tag{2-8}$$

其中，t^- 表示会话到达之前的瞬间。根据上述定义，射频阻塞与计算阻塞事件发生时的计算服务器数目必然不同，因此这两类事件是互斥事件。

下面推导上面两种事件发生概率的表达式。根据 PASTA 定律 [56]，阻塞率为满足阻塞条件的系统状态稳态概率之和。因此第 v 类虚拟基站的会话射频阻塞率为

$$P_v^{\mathrm{br}} = \sum_{m-1}^{M_v} \frac{1}{M_v} \sum_{\boldsymbol{u} \in U_{\mathrm{br}}^{v,m}} \mathrm{Pr}\{\boldsymbol{u}\} \tag{2-9a}$$

$$= P_0 \sum_{\boldsymbol{u} \in U_{\mathrm{br}}^{v,1}} \prod_{w=1}^{V} \prod_{m=1}^{M_w} \frac{\lambda_w^{u_{w,m}}}{u_{w,m}} \tag{2-9b}$$

$$= P_0 \frac{\lambda_v^{K_v}}{K_v} \sum_{\boldsymbol{u} \in U_{\mathrm{br}}^{v,1}} \left[\left(\prod_{w \neq v} \prod_{m=1}^{M_w} \frac{\lambda_w^{u_{w,m}}}{u_{w,m}} \right) \left(\prod_{m=2}^{M_v} \frac{\lambda_v^{u_{v,m}}}{u_{v,m}} \right) \right] \tag{2-9c}$$

其中，

$$U_{\mathrm{br}}^{v,m} = \{ \boldsymbol{u} \mid u_{v,m} = K_v, u_{1,1} + \cdots + u_{1,M_1} + \cdots + u_{V,1} + \cdots + u_{V,M_V} < N \} \tag{2-10}$$

是满足射频阻塞条件的系统状态集合，而式 (2-9b) 成立的原因是式 (2-5) 对 v 取值相同的维度对称：

$$\mathrm{Pr}\{\cdots, u_{v,i}, \cdots, u_{v,j}, \cdots\} = \mathrm{Pr}\{\cdots, u_{v,j}, \cdots, u_{v,i}, \cdots\} \tag{2-11}$$

类似的, 虚拟基站池中的计算阻塞率为

$$P^{\mathrm{bc}} = \sum_{\boldsymbol{u} \in U_{\mathrm{bc}}^{N}} \Pr\{\boldsymbol{u}\} = P_0 \sum_{\boldsymbol{u} \in U_{\mathrm{bc}}^{N}} \prod_{v=1}^{V} \prod_{m=1}^{M_v} \frac{\lambda_v^{u_{v,m}}}{\displaystyle\prod_{i=1}^{u_{v,m}} f_v(i)} \tag{2-12}$$

其中,

$$U_{\mathrm{bc}}^{N} = \{\boldsymbol{u} \mid u_{1,1} + \cdots + u_{1,M_1} + \cdots + u_{V,1} + \cdots + u_{V,M_V} = N, u_{v,m} \leqslant K_v\} \tag{2-13}$$

是满足计算阻塞条件的系统状态集合。根据上面推导的射频和计算阻塞率公式, 第 v 类基站的总体阻塞率可以通过将两者相加得到

$$P_v^{\mathrm{b}} = P_v^{\mathrm{br}} + P^{\mathrm{bc}} \tag{2-14}$$

2.3.2.2　递归求解

上述会话阻塞率的表达式需要对状态空间内的所有状态进行穷举以求得概率和, 计算复杂度与池规模呈指数关系, 因此对于规模很大的虚拟基站池将难以实现。为了降低计算复杂度, 接下来给出一种阻塞概率的递归解法。首先引入两个辅助函数以重新表示上面的阻塞概率

$$C(N, \boldsymbol{M}) = \sum_{\boldsymbol{u} \in U_{\mathrm{bc}}^{N}} \prod_{w=1}^{V} \prod_{m=1}^{M_w} \frac{\lambda_w^{u_{w,m}}}{\displaystyle\prod_{i=1}^{u_{w,m}} f_w(i)} \tag{2-15}$$

$$R(N, \boldsymbol{M}) = \sum_{\boldsymbol{u} \in \left(U_{\mathrm{bc}}^{N}\right)^{C}} \prod_{w=1}^{V} \prod_{m=1}^{M_w} \frac{\lambda_w^{u_{w,m}}}{\displaystyle\prod_{i=1}^{u_{w,m}} f_w(i)} \tag{2-16}$$

其中, $\boldsymbol{M} = (M_1, \cdots, M_v, \cdots, M_V)^{\mathrm{T}}$ 是各虚拟基站群中虚拟基站数目的向量, 集合

$$\left(U_{\mathrm{bc}}^{N}\right)^{C} = \{\boldsymbol{u} \mid u_{1,1} + \cdots + u_{1,M_1} + \cdots + u_{V,1} + \cdots + u_{V,M_V} < N, u_{v,m} \leqslant K_v\} \tag{2-17}$$

是集合 U_{bc}^{N} 在集合 U 中的补集。由定义易知 $C(N, \boldsymbol{M})$ 与 $R(N, \boldsymbol{M})$ 分别正比于集合 U_{bc}^{N} 和 $\left(U_{\mathrm{bc}}^{N}\right)^{C}$ 中所有事件的概率和。因此阻塞概率式 (2-6)、

式 (2-9) 和式 (2-12) 可以被重新表示为如下形式：

$$P_v^{\mathrm{br}} = P_0 \frac{\lambda_v^{K_v}}{\displaystyle\prod_{i=1}^{K_v} f_v(i)} R(N - K_v, \boldsymbol{M} - \hat{\boldsymbol{e}}_v) \tag{2-18a}$$

$$P^{\mathrm{bc}} = P_0 C(N, \boldsymbol{M}) \tag{2-18b}$$

$$P_0 = \frac{1}{R(N+1, \boldsymbol{M})} \tag{2-18c}$$

其中，$\hat{\boldsymbol{e}}_v = (0, \cdots, 0, \overset{\text{第}v\text{个}}{1}, 0, \cdots, 0)^{\mathrm{T}}$ 是长度为 V 的示性列向量。根据 $C(N, \boldsymbol{M})$ 和 $R(N, \boldsymbol{M})$ 的定义，可以获得下面的递归关系：

$$C(N, \boldsymbol{M}) = \begin{cases} \dfrac{\lambda_v^{N_2(v)}}{\displaystyle\prod_{i=1}^{N_2(v)} f_v(i)}, & \boldsymbol{M} = \hat{\boldsymbol{e}}_v \\[3mm] \displaystyle\sum_{n=N_1(v)}^{N_2(v)} \dfrac{\lambda_v^n}{n \displaystyle\prod_{i=1}^{} f_v(i)} C(N - n, \boldsymbol{M} - \hat{\boldsymbol{e}}_v), & \boldsymbol{M} > \hat{\boldsymbol{e}}_v \end{cases} \tag{2-19}$$

$$R(N, \boldsymbol{M}) = \begin{cases} 0, & N = 1 \\[2mm] R(N+1, \boldsymbol{M}) - C(N, \boldsymbol{M}), & 1 < N < \boldsymbol{M}^{\mathrm{T}} \boldsymbol{K} + 1 \\[2mm] \displaystyle\prod_{w=1}^{V} \left(\sum_{n=1}^{K_w} \dfrac{\lambda_w^n}{n \displaystyle\prod_{i=1}^{} f_w(i)} \right)^{M_w}, & N = \boldsymbol{M}^{\mathrm{T}} \boldsymbol{K} + 1 \end{cases} \tag{2-20}$$

其中，

$$N_1(v) = \max\left[0, N - \sum_{w \neq v} M_w K_w - (M_v - 1)K_v \right] \tag{2-21a}$$

$$N_2(v) = \min(K_v, N) \tag{2-21b}$$

$$\boldsymbol{M}^{\mathrm{T}} \boldsymbol{K} = \sum_{w=1}^{V} M_w K_w \tag{2-21c}$$

根据上述递归关系, 可以通过递推方法计算 $C(N, \boldsymbol{M})$ 和 $R(N, \boldsymbol{M})$ 的值。具体来讲: 可以从任意 $\hat{\boldsymbol{e}}_v$ 开始根据式 (2-19) 递推计算 $C(N, \boldsymbol{M})$。然后根据式 (2-20) 重用已经计算出的 $C(N, \boldsymbol{M})$ 值, 从 $N = 0$ 或 $N = \boldsymbol{M}^{\mathrm{T}}\boldsymbol{K} + 1$ 开始来递推计算 $R(N, \boldsymbol{M})$。需注意式 (2-19) 中 $\boldsymbol{M}$ 与 $\hat{\boldsymbol{e}}$ 的比较是逐元素的, 因此在非空池中 $\boldsymbol{M}$ 应大于或等于 $\hat{\boldsymbol{e}}$。

上述递归算法可以将阻塞概率的计算复杂度降低到池规模的平方量级。

定理 1　上述会话阻塞率递归算法总计算复杂度上界为

$$C \leqslant \left[(\max_v K_v)^2 + \max_v K_v \right] |\boldsymbol{M}|^2 \tag{2-22}$$

证明　每个 $C(N, \boldsymbol{M})$ 项的计算最多需要 K_v 次加操作, 同时对于某一个 $\boldsymbol{M}$ 最多有 $N \leqslant \boldsymbol{M}^{\mathrm{T}}\boldsymbol{K}$ 个这样的项, 因此计算所有 $C(N, \boldsymbol{M})$ 项的计算复杂度的上界为

$$C_1 \leqslant (\max_v K_v)\boldsymbol{M}^{\mathrm{T}}\boldsymbol{K}|\boldsymbol{M}| \leqslant (\max_v K_v)^2 |\boldsymbol{M}|^2 \tag{2-23}$$

其中, $|\boldsymbol{M}| = \sum_{w=1}^{V} M_w$。同时, 计算每个 $R(N, \boldsymbol{M})$ 需要一次减或加操作, 而对于某个 $\boldsymbol{M}$ 最多有 $\boldsymbol{M}^{\mathrm{T}}\boldsymbol{K}$ 个这样的项。因此, 计算 $R(N, \boldsymbol{M})$ 的总复杂度上界为

$$C_2 \leqslant \boldsymbol{M}^{\mathrm{T}}\boldsymbol{K}|\boldsymbol{M}| \leqslant (\max_v K_v)|\boldsymbol{M}|^2 \tag{2-24}$$

综合考虑上面两个因素, 总计算复杂度的上界为

$$C = C_1 + C_2 \leqslant \left[(\max_v K_v)^2 + \max_v K_v \right] |\boldsymbol{M}|^2 \tag{2-25}$$

可以看出, 上面给出的上界与池规模 $|\boldsymbol{M}|$ 的平方成正比, 因此阻塞率的递归计算方法复杂度也与池规模的平方成正比。　　　　　　　　　□

2.3.2.3　大池近似

对于十分大的虚拟基站池, 上面推导出的平方计算复杂度算法依旧过于复杂, 因此接下来对大虚拟基站池中的会话阻塞率给出一个闭式的近似表达式。

首先定义辅助变量, 使得 $\tilde{U}_{w,m}$ 为计算服务器**充分预留**($N \geqslant \boldsymbol{M}^{\mathrm{T}}\boldsymbol{K}$)情况下第 m 个 w 类虚拟基站中的会话数, 其均值为 $\mu_w = \mathbb{E}\{\tilde{U}_{w,m}\}$, 方差

为 $\sigma_w^2 = \mathrm{Var}[\tilde{U}_{w,m}]$。由于计算资源充分预留时各虚拟基站没有任何耦合，易知 $\tilde{U}_{w,m}$ 对于各 $m = 1, 2, \cdots, M_w$ 是独立同分布的随机变量。

基于上述定义可以得到计算服务器**未充分预留**的大虚拟基站池中的阻塞率近似公式。

定理 2 （大池阻塞率近似）　　对于 $N > |\boldsymbol{M}|\mu$，第 v 类虚拟基站的会话阻塞率为

$$\lim_{|\boldsymbol{M}| \to \infty} P_v^{\mathrm{b}} = \frac{1}{\sqrt{2\pi |\boldsymbol{M}| \sigma^2}} \frac{1}{\mathrm{e}^{\alpha^2/2} - 1} + \tilde{P}_v^{\mathrm{br}} \tag{2-26}$$

其中，$\mu = \sum\limits_{w=1}^{V} \beta_w \mu_w$ 为加权会话数均值，$\sigma^2 = \sum\limits_{w=1}^{V} \beta_w \sigma_w^2$ 为加权会话数方差，$\beta_w = \lim\limits_{|\boldsymbol{M}| \to \infty} \dfrac{M_w}{|\boldsymbol{M}|}$ 是与池规模成正比的加权权重，$\alpha = \dfrac{N - |\boldsymbol{M}|\mu}{\sqrt{|\boldsymbol{M}|}\sigma}$ 是归一化计算服务器数目，$\tilde{P}_v^{\mathrm{br}}$ 是计算服务器充分预留（$N > \boldsymbol{M}^{\mathrm{T}}\boldsymbol{K}$）情况下第 v 类虚拟基站中的射频会话阻塞概率。

证明　　首先定义计算服务器充分预留情况下，总平均会话数为 $\tilde{S}_{\boldsymbol{M}} = \dfrac{1}{|\boldsymbol{M}|} \sum\limits_{w=1}^{V} \sum\limits_{m=1}^{M_w} \tilde{U}_{w,m}$，类内平均会话数为 $\tilde{S}_{M_w} = \dfrac{1}{M_w} \sum\limits_{m=1}^{M_w} \tilde{U}_{w,m}$。根据 $\tilde{S}_{\boldsymbol{M}}$ 的定义可以得到：

$$\lim_{|\boldsymbol{M}| \to \infty} \tilde{S}_{\boldsymbol{M}} = \lim_{|\boldsymbol{M}| \to \infty} \frac{1}{|\boldsymbol{M}|} \sum_{w=1}^{V} \sum_{m=1}^{M_w} \tilde{U}_{w,m} \tag{2-27a}$$

$$= \lim_{|\boldsymbol{M}| \to \infty} \sum_{w=1}^{V} \frac{M_w}{|\boldsymbol{M}|} \frac{\sum\limits_{m=1}^{M_w} \tilde{U}_{w,m}}{M_w} \tag{2-27b}$$

$$= \lim_{|\boldsymbol{M}| \to \infty} \sum_{w=1}^{V} \beta_w \tilde{S}_{M_w} \tag{2-27c}$$

根据中心极限定理，当 $|\boldsymbol{M}| \to \infty$ 时 $\tilde{S}_{M_w}$ 依概率收敛到一个正态分布随机变量

$$\lim_{M_v \to \infty} \tilde{S}_{M_w} \sim N\left(\mu_w, \frac{\sigma_w^2}{M_w}\right) \tag{2-28}$$

因为对于不同的 v 和 m，各 $\tilde{U}_{v,m}$ 相互独立，因此 $\tilde{S}_{M_v}$ 也互相独立，进而由高斯随机变量的可叠加性可知 $\tilde{S}_{\boldsymbol{M}}$ 也会依概率收敛到一个正态分布随

机变量

$$\lim_{|M|\to\infty} \tilde{S}_M = \lim_{|M|\to\infty} \sum_{w=1}^{V} \beta_w \tilde{S}_w \tag{2-29a}$$

$$\sim N \left(\sum_{w=1}^{V} \beta_w \mu_w, \sum_{w=1}^{V} \beta_w \frac{\sigma_w^2}{M_w} \right) \tag{2-29b}$$

$$\sim N \left(\mu, \frac{\sigma^2}{|M|} \right) \tag{2-29c}$$

为了对阻塞概率进行近似，可以在计算服务器未充分预留情况下的会话数向量 U 与计算服务器充分预留情况下的会话数向量 $\tilde{U}$ 的稳态分布之间建立如下关联：若记 $\tilde{P}_0$ 为 $\tilde{U}$ 的零状态概率，那么根据 U 和 $\tilde{U}$ 的稳态分布具有乘积形式这一特点可知：

$$\frac{\Pr\{U=u\}}{P_0} = \frac{\Pr\{\tilde{U}=u\}}{\tilde{P}_0} \tag{2-30}$$

进而根据 P_0 和 $\tilde{P}_0$ 的定义可得到关系式

$$\frac{P_0}{\tilde{P}_0} = \Pr\left\{ \sum_{w=1}^{V} \sum_{m=1}^{M_w} \tilde{U}_{w,m} \leqslant N \right\}^{-1} \tag{2-31a}$$

$$= \Pr\left\{ \frac{1}{|M|} \sum_{w=1}^{V} \sum_{m=1}^{M_w} \tilde{U}_{w,m} \leqslant \frac{N}{|M|} \right\}^{-1} \tag{2-31b}$$

$$= \Pr\left\{ \tilde{S}_M \leqslant \frac{N}{|M|} \right\}^{-1} \tag{2-31c}$$

注意在上述关系式中，$\dfrac{P_0}{\tilde{P}_0}$ 仅由计算服务器充足情况下的总会话数均值 $\tilde{S}_M$ 的概率分布决定，因此可以得到下面的近似：

$$\lim_{|M|\to\infty} \frac{P_0}{\tilde{P}_0} = \left[1 - \Phi\left(\frac{N}{|M|} \right) \right]^{-1} \tag{2-32}$$

$\phi(x)$ 和 $\Phi(x)$ 分别为 $N\left(\mu, \dfrac{\sigma^2}{|M|} \right)$ 的概率密度函数（PDF）和概率尾分布

函数。根据上述关系可以对会话阻塞率进行近似

$$\lim_{|\boldsymbol{M}|\to\infty} P^{\mathrm{bc}} = \lim_{|\boldsymbol{M}|\to\infty} \mathrm{Pr}\left\{\sum_{w=1}^{V}\sum_{m=1}^{M_w} U_{w,m} = N\right\} \tag{2-33a}$$

$$= \lim_{|\boldsymbol{M}|\to\infty} \frac{P_0}{\tilde{P}_0} \mathrm{Pr}\left\{\sum_{w=1}^{V}\sum_{m=1}^{M_w} \tilde{U}_{w,m} = N\right\} \tag{2-33b}$$

$$= \lim_{|\boldsymbol{M}|\to\infty} \frac{P_0}{\tilde{P}_0} \mathrm{Pr}\left\{\tilde{S}_{\boldsymbol{M}} = \frac{N}{|\boldsymbol{M}|}\right\} \tag{2-33c}$$

$$= \frac{P_0}{\tilde{P}_0} \frac{1}{|\boldsymbol{M}|} \phi\left(\frac{N}{|\boldsymbol{M}|}\right) \tag{2-33d}$$

$$\lim_{|\boldsymbol{M}|\to\infty} P_v^{\mathrm{br}} = \lim_{|\boldsymbol{M}|\to\infty} \mathrm{Pr}\left\{U_{v,1} = K_v, \sum_{w=1}^{V}\sum_{m=1}^{M_w} U_{w,m} < N\right\} \tag{2-34a}$$

$$= \lim_{|\boldsymbol{M}|\to\infty} \frac{P_0}{\tilde{P}_0} \mathrm{Pr}\left\{\tilde{U}_{v,1} = K_v, \sum_{w=1}^{V}\sum_{m=1}^{M_w} \tilde{U}_{w,m} < N\right\} \tag{2-34b}$$

$$= \lim_{|\boldsymbol{M}|\to\infty} \frac{P_0}{\tilde{P}_0} \mathrm{Pr}\left\{\tilde{U}_{v,1} = K_v\right\} \times$$

$$\mathrm{Pr}\left\{\sum_{m=2}^{M_v} \tilde{U}_{v,m} + \sum_{w\neq v}\sum_{m=1}^{M_w} \tilde{U}_{w,m} < N - K_v\right\} \tag{2-34c}$$

$$= \lim_{|\boldsymbol{M}|\to\infty} \frac{P_0}{\tilde{P}_0} \tilde{P}_v^{\mathrm{br}} \mathrm{Pr}\left\{\tilde{S}_{\boldsymbol{M}} - \frac{\tilde{U}_{v,1}}{|\boldsymbol{M}|-1} < \frac{N-K_v}{|\boldsymbol{M}|-1}\right\} \tag{2-34d}$$

$$= \frac{P_0}{\tilde{P}_0} \tilde{P}_v^{\mathrm{br}} \left[1 - \varPhi\left(\frac{N}{|\boldsymbol{M}|}\right)\right] \tag{2-34e}$$

注意式 (2-34e) 成立是因为当 $|\boldsymbol{M}| \to \infty$ 时，$N > |\boldsymbol{M}|\mu$ 也应该趋于无穷大，因此有

$$\lim_{|\boldsymbol{M}|\to\infty} \varPhi\left(\frac{N-K_v}{|\boldsymbol{M}|}\right) = \varPhi\left(\frac{N}{|\boldsymbol{M}|}\right) \tag{2-35}$$

此外因为 $\lim\limits_{|\boldsymbol{M}|\to\infty} \varPhi\left(\dfrac{N}{|\boldsymbol{M}|}\right) = \mathrm{e}^{-\alpha^2/2}$ （Chernoff bound），第 v 类虚拟

基站的总阻塞率近似式为

$$\lim_{|\boldsymbol{M}|\to\infty} P_v^{\mathrm{b}} = \lim_{|\boldsymbol{M}|\to\infty} \left(P^{\mathrm{bc}} + P_v^{\mathrm{br}}\right) \tag{2-36a}$$

$$= \left[1 - \varPhi\left(\frac{N}{|\boldsymbol{M}|}\right)\right]^{-1} \left\{\frac{1}{|\boldsymbol{M}|}\phi\left(\frac{N}{|\boldsymbol{M}|}\right) + \tilde{P}_v^{\mathrm{br}}\left[1 - \varPhi\left(\frac{N}{|\boldsymbol{M}|}\right)\right]\right\} \tag{2-36b}$$

$$= \frac{\sqrt{|\boldsymbol{M}|}}{|\boldsymbol{M}|\sqrt{2\pi\sigma^2}}\frac{\mathrm{e}^{-\alpha^2/2}}{1 - \mathrm{e}^{-\alpha^2/2}} + \tilde{P}_v^{\mathrm{br}} \tag{2-36c}$$

$$= \frac{1}{\sqrt{2\pi|\boldsymbol{M}|\sigma^2}}\frac{1}{\mathrm{e}^{\alpha^2/2} - 1} + \tilde{P}_v^{\mathrm{br}} \tag{2-36d}$$

□

备注 2 只要 $\tilde{U}_{v,m}$ 的一阶矩和二阶矩已知，会话阻塞率可以代入式 (2-26) 直接求得。

备注 3 在大池假设下，式 (2-26) 中的阻塞概率可以被解耦为两项，第一项 $\dfrac{1}{\sqrt{2\pi|\boldsymbol{M}|\sigma^2}}\dfrac{1}{\mathrm{e}^{\alpha^2/2} - 1}$ 反映了计算服务器不足引发的阻塞事件，而第二项 $\tilde{P}_v^{\mathrm{br}}$ 反映了由于射频服务器不足引发的阻塞事件。这个结果显示了在大虚拟基站池中射频与计算资源不足对阻塞的贡献是解耦的。

2.3.3 统计复用增益分析

因为多个虚拟基站的会话共享同一批计算服务器，服务需求此消彼长相互抵消，很自然地可以期待计算服务器预留量比非池化方式有所降低。这就是计算资源的统计复用效应。下面对计算资源统计复用带来的增益进行理论分析。首先对大基站池中计算资源的利用率进行渐进分析。

定理 3 (大池利用率极限) 当计算服务器充足（计算服务器预留量大于等于射频服务器总数，$N \geqslant \boldsymbol{M}^{\mathrm{T}}K$），且基站池规模很大 $|\boldsymbol{M}| \to \infty$ 时，计算资源的利用率收敛于一个小于 1 的常数

$$\lim_{|\boldsymbol{M}|\to\infty} \eta \overset{\text{def}}{=\!=} \frac{\displaystyle\sum_{w=1}^{V}\sum_{m=1}^{M_w} \tilde{U}_{w,m}}{N} \xrightarrow{\text{a.s.}} \frac{|\boldsymbol{M}|\mu}{N} < 1 \tag{2-37}$$

证明 该证明的第一部分可以直接由式 (2-29) 得出。因为 $\tilde{S}_{\boldsymbol{M}}$ 会

在 $|\boldsymbol{M}| \to \infty$ 时收敛到一个正态随机变量 $N\left(\mu, \dfrac{\sigma^2}{|\boldsymbol{M}|}\right)$，根据强大数定律可知

$$\Pr\left\{\lim_{|\boldsymbol{M}|\to\infty} \eta = \frac{|\boldsymbol{M}|\mu}{N}\right\} \tag{2-38a}$$

$$=\Pr\left\{\lim_{|\boldsymbol{M}|\to\infty} \frac{\displaystyle\sum_{w=1}^{V}\sum_{m=1}^{M_w}\tilde{U}_{w,m}}{N} = \frac{|\boldsymbol{M}|\mu}{N}\right\} \tag{2-38b}$$

$$=\Pr\left\{\lim_{|\boldsymbol{M}|\to\infty} \tilde{S}_{\boldsymbol{M}} = \mu\right\} = 1 \tag{2-38c}$$

因此极限利用率收敛到平均会话数与计算资源预留量的比值 $\eta \xrightarrow{\text{a.s.}} \dfrac{|\boldsymbol{M}|\mu}{N}$。

同时，因为 $U_{v,m} \leqslant K_v$，且 $\Pr\{U_{v,m} < K_v\} > 0$，因此 $\mu_v < K_v$

$$\mu = \sum_{w=1}^{V} \mu_w \beta_w \tag{2-39a}$$

$$< \sum_{w=1}^{V} K_w \beta_w = \frac{\displaystyle\sum_{w=1}^{V} K_w M_w}{|\boldsymbol{M}|} = \frac{\boldsymbol{M}^{\mathrm{T}}\boldsymbol{K}}{|\boldsymbol{M}|} \tag{2-39b}$$

$$< \frac{N}{|\boldsymbol{M}|} \tag{2-39c}$$

综上可以证明 $\dfrac{|\boldsymbol{M}|\mu}{N} < 1$。 □

上述定理指出当虚拟基站池充分大时，有 $1-\eta$ 比例的计算资源是冗余的，这个比例可以看作是统计复用带来的计算资源节省量的上限。因此，可以利用计算服务器的实际利用率与该上限之差来刻画统计复用增益剩余量的多寡。

定义 1 (剩余统计复用增益) 虚拟基站池中剩余统计复用增益为

$$g_r \stackrel{\text{def}}{=} \frac{N}{\boldsymbol{M}^{\mathrm{T}}\boldsymbol{K}} - \eta \tag{2-40}$$

需注意，尽管统计复用效应为减小计算资源预留量提供了可能，但由式 (2-26) 可知副作用是总阻塞率 P^{b} 有所提升。因此，统计复用增益和系

统的服务质量存在着折中关系。尽管如此，从实际角度考虑只要服务质量的恶化不是很显著，这种折中就是值得的。根据定理 2，可以导出以下引理来直接刻画服务质量恶化的显著性，并给出不同规模基站池的近似统计复用增益。

引理 1 (临界折中点)　当 $|\boldsymbol{M}| \to \infty$ 时，能够保证对所有 v 类虚拟基站都有 $P_v^{\mathrm{b}} \leqslant \tilde{P}_v^{\mathrm{br}} + \delta\,(\delta \approx 0)$ 的最少归一化计算服务器预留量 α^* 为

$$\alpha^* = \sqrt{2\ln\left(\frac{1}{\sqrt{2\pi|\boldsymbol{M}|\sigma^2\delta^2}} + 1\right)} \tag{2-41}$$

在数值结果中将看到，这里给出的临界折中点实际上是阻塞率开始随着计算资源数量减少而迅速提升的点。在此临界折中点，剩余的统计复用增益为

$$g_r^* = \frac{N - |\boldsymbol{M}|\mu}{\boldsymbol{M}^{\mathrm{T}}\boldsymbol{K}} = \sigma\frac{\alpha^*\sqrt{|\boldsymbol{M}|}}{\boldsymbol{M}^{\mathrm{T}}\boldsymbol{K}} \in \frac{\alpha^*}{\sqrt{|\boldsymbol{M}|}}\left[\frac{\sigma}{\max_v K_v}, \frac{\sigma}{\min_v K_v}\right] \tag{2-42}$$

据此可知 g_r^* 约正比于 $\dfrac{\alpha^*}{\sqrt{|\boldsymbol{M}|}}$。因为 α^* 也是池规模 $|\boldsymbol{M}|$ 的函数，g_r^* 并不一定正比于 $\dfrac{1}{\sqrt{|\boldsymbol{M}|}}$，但下面两个极端场景将有助于理解 g_r^* 与池规模的关系。

极端场景 1: 如果 $|\boldsymbol{M}|$ 不是很大，能够保证 $\sqrt{2\pi|\boldsymbol{M}|\sigma^2\delta^2} \ll 1$，且 $\sqrt{|\boldsymbol{M}|} \ll \dfrac{1}{\delta^2}$，那么 α^* 约为常数:

$$\alpha^* \approx \sqrt{2\ln\left(\frac{1}{\sqrt{2\pi|\boldsymbol{M}|\sigma^2\delta^2}}\right)} = \sqrt{\ln\left(\frac{1}{2\pi\sigma^2}\right) + \ln\left(\frac{1}{\delta^2}\right) + \ln\left(\frac{1}{|\boldsymbol{M}|}\right)}$$

$$\approx \sqrt{\ln\left(\frac{1}{2\pi\sigma^2\delta^2}\right)}$$

$$\tag{2-43}$$

在此场景中，$g_r^* \propto |\boldsymbol{M}|^{-1/2}$，其随池规模 $|\boldsymbol{M}|$ 下降缓慢。当然，因为剩余统计复用增益最大为 1，一个较小的 $|\boldsymbol{M}|$ 已经能够提供可观的增益。

极端场景 2: 如果 $|\boldsymbol{M}|$ 很大，能够保证 $\sqrt{2\pi|\boldsymbol{M}|\sigma^2\delta^2} \gg 1$，这时注意

到 $\lim_{x\to 0}\ln(1+x)\approx x$，可以得到：

$$\alpha^{*}\approx\sqrt{2\frac{1}{\sqrt{2\pi|\boldsymbol{M}|\sigma^{2}\delta^{2}}}}\propto|\boldsymbol{M}|^{-1/4} \tag{2-44}$$

此时 $g_{r}^{*}\propto|\boldsymbol{M}|^{-3/4}$，这意味着剩余统计复用增益的减小在大池下有所加速。

备注 4　从式 (2-41) 中可见，临界点的位置与虚拟基站种类 v 无关。这表示虚拟基站池的异构性对阻塞率的影响在大池下消失。

下面将上述结果应用到实时业务和时延容忍业务两个具体的场景中，并推导排队模型参数与业务参数的对应关系。注意在实际系统中两种业务可能共存，此时只要将系统资源在两种业务中进行分割，则上面的结果依旧可以使用。

2.3.3.1　实时业务

对于语音通话类的实时业务，活跃会话会带来恒定速率的通信与计算负载。因此，在会话到达时为每个会话预留专用的计算服务器和射频服务器以保证一定的服务质量。在此场景下服务需求等价于服务时长，此时长在会话被接收后就不再取决于资源调度策略。因为这个原因，可以将服务率函数简单地表示为 $f_{v}(i)=i\mu_{v}$。这里服务质量目标是保证第 v 类虚拟基站的总阻塞概率低于一个阈值 $P_{v}^{\mathrm{bth}}\approx 0$。在计算服务器充足预留时 $(N>\boldsymbol{M}^{\mathrm{T}}\boldsymbol{K})$，不同虚拟基站中的会话动态互相独立，因此射频阻塞率 $\tilde{P}_{v}^{\mathrm{br}}$ 可以按如下方法计算：

$$\tilde{P}_{v}^{\mathrm{br}}=\frac{a_{v}^{K_{v}}}{K_{v}!}\left(\sum_{i=0}^{K_{v}}\frac{a_{v}^{i}}{i!}\right)^{-1}\leqslant P_{v}^{\mathrm{bth}}\approx 0 \tag{2-45}$$

其中，$a_{v}=\dfrac{\lambda_{v}}{\mu_{v}}$ 是第 v 类虚拟基站的负载率。由上述关系可对 $\tilde{U}_{v,m}$ 的一个二阶矩做如下近似：

$$\mathbb{E}\left\{\tilde{U}_{v,m}\right\}=\frac{\displaystyle\sum_{i=0}^{K_{v}}i\frac{a_{v}^{i}}{i!}}{\displaystyle\sum_{i=0}^{K_{v}}\frac{a_{v}^{i}}{i!}}=\frac{a\displaystyle\sum_{i=0}^{K_{v}-1}\frac{a_{v}^{i}}{i!}}{\displaystyle\sum_{i=0}^{K_{v}}\frac{a_{v}^{i}}{i!}}=a_{v}\left[1-\frac{a_{v}^{K_{v}}}{K_{v}!}\left(\sum_{i=0}^{K_{v}}\frac{a_{v}^{i}}{i!}\right)^{-1}\right]\approx a_{v} \tag{2-46}$$

$$\mathbb{E}\left\{\tilde{U}_{v,m}^2\right\} = \frac{\sum\limits_{i=0}^{K_v} i^2 \frac{a_v^i}{i!}}{\sum\limits_{i=0}^{K_v} \frac{a_v^i}{i!}} = \frac{a_v \sum\limits_{i=0}^{K_v-1}(i+1)\frac{a_v^i}{i!}}{\sum\limits_{i=0}^{K_v} \frac{a_v^i}{i!}} = \frac{a_v\left(\sum\limits_{i=0}^{K_v-1}\frac{a_v^i}{i!} + a_v\sum\limits_{i=0}^{K_v-2}\frac{a_v^i}{i!}\right)}{\sum\limits_{i=0}^{K_v} \frac{a_v^i}{i!}}$$

$$\approx a_v + a_v^2$$

$$(2\text{-}47)$$

进而得到模型参数与业务参数的对应关系

$$\mu_v \approx a_v \tag{2-48a}$$

$$\sigma_v^2 \approx a_v \tag{2-48b}$$

2.3.3.2 时延容忍业务

对于数据服务等时延容忍类业务，资源调度器可以机会性地将总服务量在各会话间进行分配。这里假设基站池为第 v 类基站预留了恒定的服务速率 $f_v(i) = \mu_v$，并且使用比例公平调度算法（proportional fair scheduling）[51] 将服务速率平均分配给所有活跃会话。该假设给出的服务器共享模型等效于一个有相同到达和服务率的马尔可夫排队模型。注意虽然时延容忍业务的数据通道并不需要占用恒定的频谱资源，但是本模型对于射频资源的约束假设因为下面两个原因依旧合理。

(1) 因为每个会话的信令控制需要占用一定的射频资源，因此不论是否还有数据通道剩余，新的会话都会因为信令通道的不足而被拒绝。

(2) 很多时延容忍类业务具有最低服务速率需求，这也限制了同一个虚拟基站能够同时服务的会话总数。

为了推导该场景中的统计参数，首先记 $a_v = \frac{\lambda_v}{\mu_v}$ 为第 v 类虚拟基站的负载率，并定义下述辅助函数

$$A(a_v, K) = \sum_{i=0}^{K} a_v^i = \frac{1 - a_v^{K+1}}{1 - a_v} \tag{2-49a}$$

$$A'(a_v, K) = \frac{\partial}{\partial a_v}\sum_{i=0}^{K} a_v^i = \sum_{i=1}^{K} i a_v^{i-1} = \frac{1 - (K+1)a_v^K + K a_v^{K+1}}{(1 - a_v)^2} \tag{2-49b}$$

$$A''(a_v, K) = \frac{\partial}{\partial a_v} \sum_{i=0}^{K} a_v^i = \sum_{i=2}^{K} i(i-1)a_v^{i-2} \tag{2-49c}$$

根据上述定义，$\tilde{U}_{v,m}$ 的一个二阶矩可以表示为

$$\mathbb{E}\left\{\tilde{U}_{v,m}\right\} = \frac{\sum\limits_{i=1}^{K_v} ia_v^i}{\sum\limits_{i=0}^{K_v} a_v^i} = \frac{a_v A'(a_v, K_v)}{A(a_v, K_v)} \tag{2-50}$$

$$\mathbb{E}\left\{\tilde{U}_{v,m}^2\right\} = \frac{\sum\limits_{i=1}^{K_v} i^2 a_v^i}{\sum\limits_{i=0}^{K_v} a_v^i} = \frac{\sum\limits_{i=1}^{K_v} ia_v^i + \sum\limits_{i=2}^{K_v} i(i-1)a_v^i}{\sum\limits_{i=0}^{K_v} a_v^i}$$

$$= \frac{a_v A'(a_v, K_v) + a_v^2 A''(a_v, K_v)}{A(a_v, K_v)} \tag{2-51}$$

同前面类似，当计算资源充足时 $(N > \boldsymbol{M}^{\mathrm{T}}\boldsymbol{K})$ 有如下关系：

$$\tilde{P}_v^{\mathrm{br}} = \frac{a_v^k}{\sum\limits_{i=0}^{K_v} a_v^i} = \frac{a_v^k}{A(a_v, K_v)} \tag{2-52}$$

尽管上述公式已经足够计算虚拟基站池的相关性能参数，但是计算过程比较繁琐。为了进一步简化公式，假设对于所有 v 值 K_v 都足够大，使得 $K_v^2 a_v^{K_v} \to 0$ 成立①，在这种情况下有

$$A(a_v, K) \approx \frac{1}{1-a_v} \tag{2-53a}$$

$$A'(a_v, K) \approx \frac{1}{(1-a_v)^2} \tag{2-53b}$$

$$A''(a_v, K) \approx \frac{2}{(1-a_v)^3} \tag{2-53c}$$

应用式 (2-53)，可以将式 (2-50) 和式 (2-51) 简化为如下形式：

$$\mathbb{E}\left\{\tilde{U}_{v,m}\right\} \approx \frac{a_v}{1-a_v} \tag{2-54a}$$

---

①这个假设的实际性在于，当 $a_v < 1$ 时，$a_v^{K_v}$ 随 K_v 指数下降，因此对于很大的 K_v 取值，$K_v^2 a_v^{K_v}$ 将趋近于 0。

$$\mathbb{E}\left\{\tilde{U}_{v,m}^2\right\} \approx \frac{a_v}{1-a_v} + \frac{2a_v^2}{(1-a_v)^2} \tag{2-54b}$$

因此模型参数与业务参数的对应关系为

$$\mu_v \approx \frac{a_v}{1-a_v} \tag{2-55a}$$

$$\sigma_v^2 \approx \frac{a_v}{1-a_v} + \frac{2a_v^2}{(1-a_v)^2} \tag{2-55b}$$

2.3.4   数值结果

本部分利用上面推导的递归算法和大池近似公式进行数值实验,并对结果进行分析解读。

2.3.4.1   基本特性

图 2.4 展示了递归精确算法和大池近似算法给出的不同计算服务器预留量下虚拟基站池中实时业务会话阻塞率的变化曲线,图 2.5 展示了时延容忍业务下的对应结果。两图的横坐标均对无池化情况所需的计算服务器数量进行了归一化。可见实时业务和非实时业务图线趋势相同,因此下面仅展示实时业务的结果,相应的结论也适用于时延容忍业务。

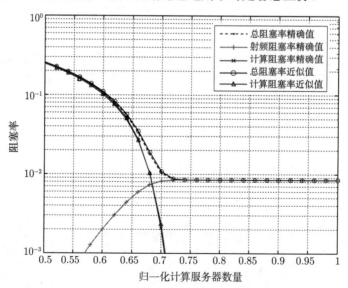

图 2.4   实时业务下会话阻塞率随归一化计算服务器预留数量的变化曲线

同构虚拟基站池,参数 $M_1 = 40$, $a_1 = 20$, $P_1^{\text{bth}} = 10^{-2}$, $K_1 = 30$

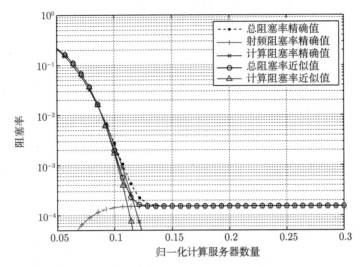

图 2.5　时延容忍业务下会话阻塞率随归一化计算服务器预留数量的变化曲线
同构虚拟基站池, 参数 $M_1 = 100$, $a_1 = 0.5$, $P_1^{\text{bth}} = 5 \times 10^{-4}$, $K_1 = 10$

从图 2.4 和图 2.5 中可以观察到阻塞率的基本特性:

(1) 当计算服务器预留量相对充足时, 计算阻塞率 P^{bc} 很低, 总体阻塞率被射频阻塞率 P^{br} 所主导, 其取值与预设阈值 P^{bth} 十分接近。

(2) 当计算服务器预留量从其最大值 $M^{\text{T}}K$ 降低时, 计算阻塞率迅速上升, 同时射频阻塞率轻微下降。其综合现象是临界点效应, 即在临界点右侧阻塞率变化平坦, 而在左侧阻塞率迅速上升。

(3) 如果进一步降低计算服务器预留量, 射频阻塞率将迅速降低, 其对总阻塞率的影响也逐渐消失; 同时总体阻塞率将被迅速增加的计算阻塞率主导, 并在概率 1 附近饱和。

如图 2.5 所示在临界点附近可以节省约 20% 的计算资源, 而同时带来的阻塞率恶化仅有 10^{-4}, 这证明了统计复用增益的存在。图 2.4 和图 2.5 中也展示了阻塞率近似值与精确值非常接近。

2.3.4.2　虚拟基站异质性

图 2.6 展示了具有两类虚拟基站的异构虚拟基站池中阻塞率的变化曲线。这两类虚拟基站拥有相同数量的虚拟基站和相同的业务负载, 但是其服务质量需求和预留的射频服务器数量不同。从图中可以看到与同构情况

相似的基本变化特性，但是也可以观察到两类虚拟基站阻塞率的变化有些许区别：当计算服务器预留量相对充足时，总阻塞率被射频阻塞率主导，两者的阻塞率分别接近预设的阻塞率阈值；而当计算服务器预留量逐渐减少时，总阻塞率逐渐被计算阻塞率所主导，两条曲线汇总到同一条曲线。

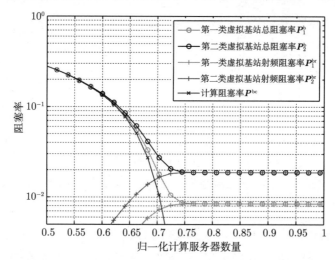

图 2.6　异构虚拟基站池中会话阻塞率随归一化计算服务器预留数量的变化曲线
实时业务，参数：$M = [20, 20]^T$, $a = [20, 20]^T$, $P^{\text{bth}} = [1, 2]^T \times 10^{-2}$, $K = [30, 28]^T$

2.3.4.3　业务负载和服务质量要求

图 2.7 展示了不同业务负载率与服务质量要求对阻塞率的影响。从图中可见，服务质量要求（P^{bth}）决定了最低的阻塞率（图线右侧"平台"的高度），而负载率决定了临界点的位置和阻塞率向概率 1 饱和的速度。

2.3.4.4　统计复用增益

利用前面得到的公式还可以对虚拟基站池中的统计复用增益进行量化研究。图 2.8 展示了不同规模虚拟基站池中阻塞率随计算服务器预留量的变化曲线，并用竖线标出了临界点和大池极限的位置。可以看到，随着池规模的增加，阻塞率曲线和临界点被推向图线左侧；但是临界点离大池极限越近，其推进速度越慢。这说明了统计复用增益的边际效应递减。通过对比各子图也可以发现负载率和服务质量要求对阻塞率和统计复用增益的影响。

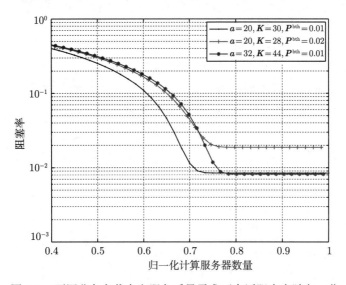

图 2.7　不同业务负载率和服务质量需求下会话阻塞率随归一化
计算服务器预留数量的变化曲线

同构虚拟基站池, 实时业务, 池规模 $M = 40$

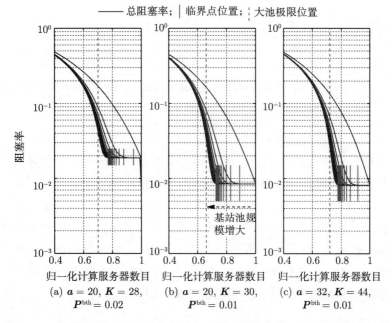

图 2.8　不同池规模下会话阻塞率随归一化计算服务器预留数量的变化曲线

同构虚拟基站池, 实时业务

图 2.9 中展示了临界点位置随池规模变化的曲线。可以发现中等规模的虚拟基站池已经可以达到相当大的统计复用增益，而边际增益递减迅速，因此需要规模巨大的虚拟基站池才能接近大池极限。这些发现说明部署中等规模基站池与部署大规模基站池相比，能够在更小的前传成本下获得相近的统计复用增益，因此是一个更经济的选择。

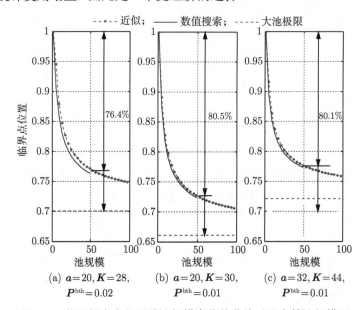

图 2.9　临界折中点位置随池规模变化的曲线以及中等池规模下
统计复用增益相比最大增益的比例
同构虚拟基站池，实时业务

通过对比图 2.9(a) 和图 2.9(b) 可以看到更严苛的服务质量需求可以增加统计复用增益。这是因为一方面，为了降低阻塞率需要预留更多的射频服务器，这会提升计算资源需求上限 $M^T K$；而另一方面，平均的计算服务器占用量维持在 $|M|\mu$ 不变。因此服务质量需求越严苛则空闲的计算服务器比例越高，因而统计复用增益越高。此外可以观察到业务量越高临界点数值越大，因而统计复用增益越小。这个现象提示在动态变化的业务量下需要调整池规模以维持一定的统计复用增益①。

---

①池规模的动态调整可以通过动态配置前传网络的路由拓扑并将基带信号送到不同规模的基站池实现。

2.4　本章小结

本章提出了通信与计算协同的软件定义超蜂窝网络架构,并通过建模分析研究了该架构中计算资源统计复用增益和前传网汇聚成本折中下的最优虚拟基站池部署规模,主要贡献总结如下。

(1) 提出了软件定义超蜂窝网络架构,该架构中射频接口设备、软件定义包交换前传网、计算资源构成可重构的数据平面,并在一个逻辑集中的控制平面协调下工作。基于控制平面对数据平面的集中配置,软件定义超蜂窝网络中的计算与通信资源可以协同部署与运行,达到降低网络部署成本和提升通信质量的效果。

(2) 提出了一个会话时间尺度的异构虚拟基站池随机排队模型,考虑了计算资源与通信资源对虚拟基站池的双重约束和半动态的计算资源管理算法,给出了会话阻塞率的一种平方复杂度的递归简化算法以衡量此系统服务质量。针对大规模虚拟基站池还基于极限分析给出了会话阻塞率的闭式近似表达式。

(3) 针对实时业务与非实时时延容忍业务,给出了一定通信服务质量需求下计算资源统计复用增益与虚拟基站池规模的闭式近似表达式。

(4) 对不同规模虚拟基站池的统计复用增益进行了数值分析。结果显示统计复用增益在基站池较小时随规模增加迅速,但是其边际效应迅速递减;在大池中递减速度指数约在池规模的 3/4 与 1/2 之间。此外本部分还展示了统计复用增益与负载率、服务质量要求的定性关系,负载率越低或服务质量要求越高,统计复用增益越大。

第3章 面向前传网带宽压缩的基带计算功能分布式部署

3.1 引言

第 2 章提出了软件定义超蜂窝网络架构,并且考虑到该架构中前传汇聚成本高的问题,从虚拟基站池中计算资源统计复用的角度建模分析了最优基站池部署规模。本章继续分析在软件定义超蜂窝网络中通过协同设计前传网传输方式与基带计算功能部署位置大幅降低前传网汇聚成本的方法。

前传网带宽的可压缩性主要来自于基带信号内在的高冗余度。基带发射机的输入是用户要传输的信息数据,输出是需要前传网传输的时域基带采样。一般用户信息数据的带宽需求峰值约在百兆量级,而对应的时域基带数据带宽需求则激增到千兆量级以上,相差一到两个数量级。这说明发射机在用户数据信息中加入了大量的人为冗余。事实上,基带发射机在用户数据信息的基础上添加冗余信息的目的是对抗无线信道的衰落、干扰、噪声等非理想因素所带来的信号畸变。考察长期演进系统(long term evolution,LTE)基带信号的生成过程可以更好地理解时域基带信号中冗余的来源。在一个典型的 LTE 发信机中,用户数据信息先后经过信道编码、扰码、调制、空间层映射、MIMO 预编码、时频资源映射、OFDM 调制等基带功能模块的处理后成为时域基带信号,其中主要的基带功能带来的冗余成分如下:

(1)**信道编码**:常用的信道编码算法一般采用数学方式根据数据信息叠加冗余比特,例如 LTE 系统中使用的信道编码方案根据工作模式的不同冗余度在 $\frac{1}{5} \sim \frac{2}{3}$ 之间。当无线信道的不理想性造成比特接收错误时,接收机可以利用这些冗余比特之间的相关性纠正错误并恢复原始用户信息。

（2）**星座点调制**：星座点调制的基本原理是利用连续信号空间中离散的星座点表示数字信息。这样虽然增加了信息表示的冗余度，但只要无线信道畸变没有使接收符号偏离星座点太远，接收机就能通过判决的方式恢复原始数据。LTE 系统中混合使用了 BPSK、QPSK、16-QAN、64-QAM、ZC 序列等多种码本进行星座点调制，编码前每个符号可由 1~6 bit 表示，而编码后则统一成为 30 bit 的复数采样，因而冗余度在 $\frac{4}{5} \sim \frac{29}{30}$ 之间。

（3）**空间处理**：MIMO 系统中波束成型（beamforming）的原理是在各天线单元传输的信号中加入人为的空间相关性，从而使信号在角度域按需要被增强或抑制。最简单的波束成形传输实现方式是通过对单路原始信号流乘以不同的复数权重（weight）以生成多路完全相关的天线信号流。空间操作带来的冗余度与每个空间流所对应的天线数成正比，例如在双流双天线的情况下冗余度为 0，而在双流八天线的情况下冗余度为 $\frac{3}{4}$。

（4）**OFDM 调制**：OFDM 调制用到的循环前缀（cyclic prefix，CP）复制了部分信号，引入的冗余度在 6.6% 左右。

（5）**其他**：　此外，为了对抗频域能量泄露而加入的保护带宽（guard band）和因用户使用率低而造成的空闲时频资源，均在频域增加了冗余度，具体的冗余度与负载有关。

基带处理中添加的冗余信息对于无线传输至关重要，但是在前传网传输中并没有实质用途，因此绝大部分前传带宽都被浪费在冗余信息的传输上了。前传网带宽压缩的主要原理是降低前传信号的冗余度，不同方法的区别在于挖掘冗余度的方式不同。时域基带信号的压缩算法将基带信号看作由非平稳无记忆信源产生，通过在前传链路两端部署动态增益控制和非线性量化等额外的计算功能去除或还原基带信号中的冗余性，其优点是对于前传链路两端的 RRU 和 BBU 透明。基带功能的分割部署则采用一种不同的思路，将一部分靠近空中接口的基带处理功能从 BBU 转移部署到 RRU 中，这样暴露在前传网上的信息流就是冗余度相对较低的基带处理中间结果信息流，因此前传信号带宽可以大大缩减。

然而已有研究工作还有如下不足：①已有时域基带信号压缩算法效率比较低，不能有效降低前传网带宽压力；②已有针对基带功能分割的研究工作仅针对 LTE 系统的基带处理结构考察了少数几种横向[①] 分割方案，而没有研究更一般化的基带处理结构，不能有效适配移动通信系统演进中可能出现的新技术；③ 已有的前传网设计方案主要面向时域基带采样信号的传输，没有充分考虑基带压缩算法与基带功能分割可能使基带信号流量特性发生变化的问题。

针对上述问题，本章提出利用软件定义超蜂窝网络中计算功能可以灵活部署的特点，研究通过基带计算功能的分布式部署压缩前传网传输带宽，并提出相应的前传网传输方案。3.2 节利用基带信号冗余信息的确定性，面向 LTE 下行基带处理结构设计了高压缩比的压缩算法。3.3 节将计算功能的分布式部署从 LTE 系统横向基带分割拓展到任意基带计算有向图，并提出基于图聚类和遗传算法的灵活基带功能分布式部署算法。因为基带功能的分布式部署会造成前传网流量特性、路由拓扑、时延需求的复杂化。3.4 节设计了一种基于包交换的新型软件定义前传网架构，利用灵活的调度和路由算法处理复杂前传流量。3.5 节对本章工作进行总结。

3.2   基于低复杂度基带逆操作的基带压缩算法

针对已有时域基带信号压缩算法压缩效率低的问题，本节首先分析压缩效果不好的原因和提高压缩效率的原理，进而基于 MATLAB 设计和实现一个基于低复杂度基带逆操作的高效率 LTE 下行基带压缩算法，并基于 LTE 系统仿真器生成的时域基带数据测试算法的压缩效率。

3.2.1   压缩算法原理

经典信息论指出最优的信源压缩方法与信源性质有关。如果将基带信号看作是由无记忆信源生成，那么进行标量量化一般可以达到较好的效果。然而如果进一步分析基带信号在时域的功率动态特性，可以发现基带信号具有时域功率非稳恒的特点。因此根据时域功率动态调整量化码本可以进一步提高性能。已有针对时域基带信号的压缩算法大都基于上述理论，然而通过 3.1 节介绍的 LTE 基带信号生成过程可以发现基带信号具有很强的空域和时域相关性，将基带信号建模为无记忆信源并不合适，这是已有

[①] 横向指各用户处理子链采用相同的分割层次，例如都将 MIMO 处理以下的功能部署在 RRU。

时域基带信号压缩算法压缩效率低的主要原因。变换域编码是有记忆信源压缩最常用的方法之一,有记忆信源在变换域中成为无记忆或弱记忆信源,进而可以利用非线性量化进行压缩。该方法的主要问题在于最优域变换不易求得。

虽然基带信号源的最优压缩变换不易求得,但是因为基带信号的生成过程是一个确定性的过程,因此通过对添加了相关性的操作进行低复杂度的逆操作可以获得近似最优的域变换,进而辅以矢量量化及其他操作,可对基带信号进行有效压缩。具体来讲包含如下步骤:

(1) **通过 FFT 进行稀疏变换**:虽然 IFFT 操作不增加冗余度,但使得原来稀疏的频域复采样数据被映射为非稀疏但强相关的时域复采样。算法利用 OFDM 解调功能对去除 CP 后的时域基带数据进行 FFT 操作,将信号变换到稀疏的频域,以便利用矢量量化压缩冗余度。

(2) **结构化空间逆操作**:波束成形将单路复采样映射为多路完全相关的空间数据流,因此冗余度与数据流数量呈正比。算法对波束成形进行低复杂度逆转,只传输单路空间流和空间流间的相对复缩放系数以去除空间操作带来的冗余。不同的时频资源块可能使用不同的波束成形码本,因此空间操作的逆转需要针对各逻辑区域分别进行。

(3) **频域结构化矢量量化**:频域星座点调制所用码本一般仅用少量比特即可表示,但调制后的复采样均用几十比特来表示,冗余度很大。为去除冗余算法对复采样数据进行聚类以估计原始码本,并利用估计所得的码本对复采样进行复数向量量化。因为频域星座点调制具有一定的逻辑结构,多个区域形成的复合码本码字数量很大。因此算法分区域对频域资源块进行向量量化,对不同的逻辑区域使用不同的码本[①]。

上述逆操作过程还能自然去除以下冗余:

(1) **空闲时频资源**:当小区负载较低时某些时频资源块会闲置。从波形来看,这部分时频资源块的复采样为固定值,不需要进行精细的量化。为去除这部分冗余,算法将所有空闲时频资源块统一看作一个逻辑区域,并使用一个单码字的码本进行量化。

(2) **OFDM 保护间隔**:OFDM 调制模块插入的 CP 是完全冗余信息。算法在进行稀疏变换前舍弃了这部分 CP,并在解压端通过 OFDM 调

---

① 例如 PSS 区域使用 ZC 序列作码本,而用户数据区域使用 QPSK 或 64QAM 作码本。

制重构 CP。

    综上算法流程可概括为将去除了循环前缀的多路时域基带信号变换到频域，在频域按信号的逻辑区域对复采样进行智能的波束成形权重提取和复数矢量量化，并对单空间流进行结构化矢量量化，传输时只传输一路空间流的量化结果和多路空间流的相对复数缩放系数。

    下面对上述流程的压缩性能进行估计。压缩系统的实际性能随基带信号的参数不同而有所不同，本节采用表 3.1 中给出的典型参数。压缩率的计算需要将舍弃 CP、舍弃空载资源、空间操作逆转和矢量量化四个方面考虑在内。如果不考虑残差噪声的量化，采用表中符号，压缩率计算公式如下：

$$\rho = \frac{N_{\text{FFT}}}{N_{\text{FFT}} + N_{\text{CP}}} \frac{N_{\text{stream}}}{N_{\text{antenna}}} \upsilon \left(\frac{\upsilon_{\text{data}} B_{\text{data}} + \upsilon_{\text{control}} B_{\text{control}}}{B_{\text{sample}}} \right) \tag{3-1}$$

表 3.1   LTE 系统典型参数

参数	参数名称	取值	
		双天线配置	八天线配置
N_{antenna}	天线数	2	8
N_{stream}	数据流数	2	
N_{FFT}	FFT 点数	2048	1024
N_{CP}	保护间隔（CP）长度[①]	144 符号	90 符号
B_{sample}	复采样量化宽度	30 bit	
B_{data}	数据信息区域星座点阶数[②]	2 bit	6 bit
B_{control}	控制信息区域星座点阶数[③]	4 bit（9 个星座点）	
υ	负载率	50%	100%
υ_{data}	数据信息区域时频资源比例	13/14	
$\upsilon_{\text{control}}$	控制信息区域时频资源比例	1/14	

注：① 不同时槽保护间隔长度不一，这里作保守估计取最小值。

    ② 同步、广播、导频区域星座点阶数均小于数据域，作保守估计可以将数据域星座点作为其上界。

    ③ 这里指每个 1 ms 子帧的第一个 OFDM 符号内的所有时频块星座点的并集。

    将具体参数代入公式 (3-1) 中得到的压缩比数据如表 3.2 所示，注意为了直观，表中展示的是压缩比，即压缩率的倒数。可以看到总压缩比可达 20 倍以上；另外空间逆操作和矢量量化对总压缩比所作出的贡献较大。

需注意上面的估算中没有将矢量量化码本和波束成形权重所占用的数据量考虑在内。实际上两者所占用的比特数会降低压缩率，但两者所占用的比特数与系统运行模式有关，不易做出估计，因而将在后面的仿真中根据实测数据给出更准确的压缩率数值。

表 3.2　算法压缩比估计

天线数	2	8
压缩比	29.9401	21.9298
贡献倍数分解		
舍弃 CP	1.0703	
舍弃空载资源	2	1
空间去相关	1	4
向量量化	14.0056	5.1203

上述估算中假设系统没有对矢量量化和空间操作逆转造成的残差进行量化，实际上后面将发现即使不进行残差量化，误差也能满足实际系统需求。当需要进行残差量化时，设残差噪声的编码位数为 B_{error}，则引入残差编码后的压缩率为

$$\rho = \frac{N_{\text{FFT}}}{N_{\text{FFT}} + N_{\text{CP}}} \frac{N_{\text{stream}}}{N_{\text{antenna}}} v \left(\frac{v_{\text{data}} B_{\text{data}} + v_{\text{control}} B_{\text{control}}}{B_{\text{sample}}} + \frac{B_{\text{error}}}{B_{\text{sample}}} \right) \quad (3\text{-}2)$$

残差量化对误差的改善程度与残差概率分布及量化算法有关，无法给出显式结果。这里只给出公式和 2 bit 量化时的压缩率。将 2 bit 量化数据代入公式，双流双天线压缩率为 0.096，双流八天线压缩率为 0.108，对应的压缩比为 10.4493 和 9.2593。虽然压缩效率有很大下降，但实际中对残差噪声的量化编码还可以有代价更小的方法，例如仅对部分关键区域进行残差编码或仅对实部或虚部进行残差编码等。另外考虑到低估了 CP 舍弃和用户数据域中的控制信息调制阶数较低的影响，实际压缩率表现可能更好。

3.2.2　压缩系统设计

本节提出的基带压缩系统的整体结构如图 3.1 所示。系统由压缩、解压缩子系统组成，压缩子系统与 BBU 接口，解压缩子系统与 RRU 接口，

接口格式为时域基带数据，系统整体对 BBU 和 RRU 透明。下面对各部分进行详细介绍。

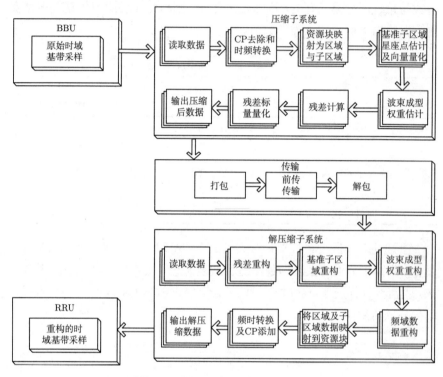

图 3.1 基带压缩系统整体结构图

3.2.2.1 压缩子系统

压缩子系统接收 BBU 生成的时域基带数据。压缩子系统首先去掉 CP 并使用 FFT 进行稀疏变换。如前所述，变换后的频域信号具有一定的逻辑结构，不同区域的时、频、空单元具有不同的星座点映射码本和波束成形权重。为反映波束成形造成的多路波形相关，每个区域被分为多个子区域以代表同一个区域在不同天线上传输的频域信号。不同的子区域复星座点包含的信息内容相同，只是经过了不同的旋转缩放。系统对各区域进行如下相同的量化和空间逆操作：在同一个区域的子区域中选取一个作为基准子区域，其他子区域相对此子区域的旋转放缩值即为波束成型权重。算法对基准子区域进行基于聚类的星座点估计和逐点复数矢量量化后，得到星座点码本的估计和压缩后的码字下标。由于时域基带数据和算法运行的量化位数有限，矢量量化和权重提取过程会引入残差噪声。为进一步提高精度，可以对残差噪声进行标量量化，码本根据残差噪声经验分布决定。最终的压缩结果由各区域星座点码本估计、星座点码字下标、权重估计及残差标量量化结果组成。

3.2.2.2　数据传输

压缩子系统的输出为结构化数据，其结构和大小根据处理周期、信号逻辑结构的不同而不同。对此种具有一定突发性的数据，采用变长包传输比较适宜。对网络传输技术的讨论超出了本节范畴，这里假定前传网传输系统支持变长结构的包传输，能将结构化的压缩结果透明地递交给解压缩端。

3.2.2.3　解压缩子系统

解压缩子系统接收结构化的压缩结果。对每个区域，解压缩子系统利用星座点码本估计和码字下标，基于查表的方法获得基准子区域数据；然后利用残差标量量化结果通过查表获得残差噪声数据；接下来与各子区域的权重一起，利用式 (3-3) 计算重构的频域复采样值：

$$S_{\text{rec}} = S_{\text{RefVer}}W + E \tag{3-3}$$

其中，S_{rec} 是重构的频域复采样值；S_{RefVer} 是基准子区域的重构数据复数值；W 是估算获得的复数权重数值；E 是复数残差噪声值。恢复各区域数据后，利用已知的映射规则，将各区域的数据反映射为多天线的频域信号，最后进行 OFDM 调制，得到重建的时域基带信号，并传送到 RRU。

3.2.3　系统实现方案

为验证上述系统设计的可行性，本节基于 MATLAB 设计了算法的仿真程序。下面介绍 MATLAB 程序的模块结构、运行流程和关键模块的实现细节。

3.2.3.1　程序整体结构

首先给出基于 MATLAB 的数据压缩、解压缩程序结构。如图 3.2 所示，程序涉及的数据有原始数据、压缩数据和重构数据，功能模块分为压缩循环与解压缩循环，辅助模块有参数配置脚本、压缩率计算模块和误差向量幅度计算模块。

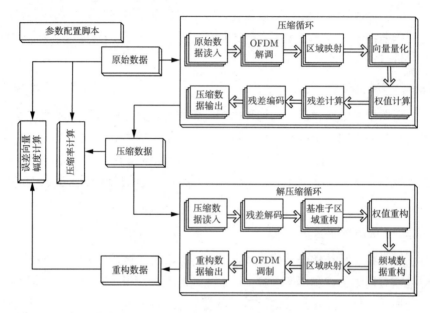

图 3.2　基于 MATLAB 的算法设计方案

MATLAB 程序先利用参数配置脚本进行参数配置并进入压缩循环。压缩循环依次从原始数据文件中读取每个 OFDM 符号对应的时域数据，并进行压缩操作，将结果存储到一定的数据结构中形成压缩数据。解压缩循环依次从压缩数据中读取每个 OFDM 符号的数据并重构时域波形。当压缩、解压缩循环遍历所有时域数据后，程序依次运行误差向量幅度计算模块和压缩率计算模块。下面介绍各模块的功能。

3.2.3.2　压缩循环

首先介绍压缩循环中的各个模块的功能和函数输入输出接口。下列模块对于双载波数据和八载波数据是通用的，唯一不同的是算法参数有所差异。

（1）**原始数据读入模块**：原始数据读入模块从指定的数据文件读入时域基带数据。文件中，输入数据采用 16 位二进制数表示，该模块读入后将其转化为相应的有符号整数。同时，根据输入数据文件的描述，从读入数据中恢复出每个载波对应的复采样，以用于后续的处理。

（2）**OFDM 解调模块**：OFDM 解调模块用于将时域数据去掉 CP 并转换到频域。该模块的输入为时域复采样数据，输出为频域复采样数据。

（3）**区域映射模块**：区域映射模块用于从 OFDM 解调后的频域数据中抽取各个区域及子区域对应的数据。该模块的输入为 OFDM 解调后的频域复采样数据，输出为各个区域和子区域的复采样。

（4）**向量量化模块**：该模块的主要功能是对每个区域的基准子区域进行向量量化。该模块的输入为每个区域的基准子区域数据，输出为码本和各点数据对应的码字下标。该模块对应的 MATLAB 函数为 coreVQ.m。该函数有两个输入：refVersion 和 gIdx。其中 refVersion 表示基准子区域的数据流，而 gIdx 为星座点全局变量索引，用于表示当前区域用到的星座点下标存储在哪个全局变量中。该函数有两个输出：idxVQ 和 valVQ。其中 idxVQ 用于表示当前数据点所对应星座点的下标值，而 valVQ 用于表示重构后每个采样点的复数值。

（5）**权值计算模块**：权值计算模块主要用于计算每个区域中的各个非基准子区域与基准子区域之间的伸缩旋转变化系数。该模块的输入是基准子区域的数据和非基准子区域的第一个数据点，输出是非基准子区域对应的权值。权值计算模块对应的 MATLAB 函数为 coreWeight.m。该函数有两个输入：versions 和 iF。其中 versions 表示各子区域的数据，而 iF 用于表示当前各子区域的数据属于哪一个区域。该函数有一个输出：weight，用于表示各子区域相对于基准子区域的复数权值。

（6）**残差计算模块**：残差计算模块主要用于计算各个子区域数据矢量量化后的残差。该模块的输入是每个区域的所有子区域数据和重构值，输出是所有子区域数据对应的复数残差。

（7）**残差编码模块**：残差编码模块用于完成对残差的标量量化。函数有一个输入 r，表示残差计算模块计算得到的残差。函数有两个输出：codebook 和 idxSQ。其中 codebook 为码本，idxSQ 为码字下标。

（8）**压缩数据输出模块**：压缩数据输出模块主要用于输出压缩后的数据。输出的压缩数据包括每个区域的码本、每个区域基准子区域的码字下标、每个区域中各子区域相对于基准子区域的复数权值、每个区域所有数据对应的残差编码码字下标。在 MATLAB 仿真中，将上述信息存入对应的数组。

下面介绍几个核心模块的实现细节。

(1)**OFDM 解调模块**：对于双载波情况，每个载波的帧长度为 10 ms，采样率为 30.72 Msps，因此每个载波每帧有 307 200 个采样点。进一步，每帧包含了 20 个时槽（slots），而每个时槽又由 7 个 OFDM 符号组成。因此 307 200 点数据实际包含了 140 个 OFDM 符号。因此，将每一个载波的时域数据分为 140 段进行处理。对于每一段数据，首先剥离掉 CP 数据，然后对剩下的 2048 点数据进行 2048 点的 FFT，得到 2048 点的频域数据。其中，每个时槽中 7 个 OFDM 符号所对应的 CP 采样点数分别为 160,144,144,144,144,144,144。对于八载波数据，每个载波的数据长度为 10 ms，采样率为 19.2 Msps，因此数据总长度为 192 000 点。该数据包含了 20 个时槽，而每个时槽包含了 7 个 OFDM 符号。因此 192 000 点数据实际包含了 140 个 OFDM 符号。因此，将每一个载波的时域数据分为 140 段来进行处理。对于每一段数据，首先剥离掉 CP 数据，然后对剩下的 1280 点数据进行 1280 点的 FFT，得到 1280 点的频域数据。其中，每个时槽中 7 个 OFDM 符号所对应的 CP 采样点数分别为 100,90,90,90,90,90,90。为提高算法实时性，采用对 OFDM 符号逐个解调的方式，而不是对整段数据进行批处理。

(2)**区域映射模块**：区域映射模块的主要功能就是从 OFDM 解调模块解调后的频域数据中抽取相应区域的各个子区域对应的数据。双载波和八载波的映射规则类似，如表 3.3 所示。

(3)**向量量化模块**：向量量化模块的功能是对上述每一个区域的数据进行向量量化以降低描述冗余度。每个区域可能有一个或者多个子区域的数据。如果区域中只有一个子区域的数据，那么直接对该子区域的数据进行向量量化即可；如果区域中有多个子区域的数据，由于不同子区域的星座点可以近似地认为仅仅进行了旋转伸缩变换，因此将第一个子区域设定为基准子区域，仅对基准子区域进行向量量化即可。下面介绍向量量化模块的实现方法。向量量化过程实际是一个聚类的过程，即从给定的数据流中聚类出较好的向量量化码本，并将数据流记录为最近的码字下标。这里聚类中心点是对码本的估计。为了减小程序复杂度并考虑到下行基带数据的特点，算法采取简化的聚类策略：如果当前样点与已有码字距离较小，将样点量化为距离最近的码字，不对码字进行更新；否则将当前样点记录为新的码字。算法流程可以描述如下，对于数据流中的每一个数据：

（a）如果是第一个数据点，将该数据点作为第一个码字并存入码本存储器，设定码本计数器 idx=1，将该下标赋给第一个数据点。

（b）如果不是第一个数据点，则计算该数据点与码本存储器中所有码字的欧氏距离。如果与所有码字的距离都超过给定的阈值，则将该数据作为另一个码字存入码本存储器，同时将码本计数器 idx 一并赋给该数据点；如果不是与所有码字的距离都超过给定的阈值，则找到与该数据点距离最近的码字，并将其下标赋给该数据点。

（c）重复步骤 (a) 和 (b)，直到完成对数据流中所有数据的判定。

表 3.3　区域映射信息汇总

区域含义	双载波		八载波	
	区域编号	子区域个数	区域编号	子区域个数
数据域（data field）	1, 2	1	1~40	4
用户导频（DMRS）	无	无	41~80	4
空闲资源域（idle resource field）	3	1	81	1
第一控制信息域（CI1）	4	1	82	4
第二控制信息域（CI2）	5	1	83	4
广播信息域（PBCH）	6	1	84	8
主同步序列域（PSS）	7	4	85	16
副同步序列域（SSS）	8	2	86	8
小区导频域（RS）	9	4	87	9
直流分量域（DC）	10	1	88	1

（4）**权值计算模块**：　由于可以近似地认为每个区域的不同子区域之间的星座点之间存在着简单的伸缩旋转变换。因此计算出各个子区域相对于基准子区域的权重，即可通过基准子区域重建各个子区域的数据。因为各种已述不理想因素，各采样点计算的权重可能不是定值，考虑到下行基带信号不理想因素较小，并为了降低算法复杂度，算法利用某子区域的第一个数据与基准子区域的第一个数据做复数除法的商，作为整个子区域的权重。

（5）**残差计算模块**：为了进一步降低重构误，对矢量量化后的残差进行量化。如果是基准子区域的数据，那么直接对该数据和其对应的码字做差，即可得到该点的残差；如果是非基准子区域的数据，将基准子区域的码字乘上该子区域对应的权值得到该子区域的码字，然后对该子区域的数据和该子区域的码字做差，即得到了该子区域数据对应的残差。

（6）**残差静态编码**：残差静态编码是一个标量量化的过程。对于残差数据流中的每个数据的实部和虚部，分别通过码本对照得到其对应的编码。标量量化算法选择灵活性较大，这里采用 Lloyds 算法 [57]。

3.2.3.3　解压缩循环

接下来介绍解压缩循环。

（1）**压缩数据读入模块**：该模块的主要功能是读入压缩数据。由于 MATLAB 中压缩数据都储存在相应的数组中，因此本模块直接从数组中读入数据即可。

（2）**残差解码模块**：该模块的主要功能是完成对残差数据的解码。由于残差编码采用的是静态编码，且静态码本是已知的，因此残差解码实际是一个查表的过程，对于每一个残差编码数据，通过查找码本得到其对应的解码数据。

（3）**基准子区域重构模块**：基准子区域重构模块主要功能是重构出基准子区域的采样值。由于压缩数据中既有每个区域的码本，也有每个采样点对应的码字下标值。因此该模块通过简单的查表即可实现。

（4）**权值重构模块**：权值重构模块用于从输入数据中获得每个区域中各子区域相对于基准子区域的权值。由于压缩数据中包含了各个子区域的权值，因此直接从输入数据中读取即可重构出权值。

（5）**频域数据重构模块**：频域数据重构模块用于重构出压缩前的频域数据。由于基准子区域重构模块已经解压出了基准子区域的采样值，而权值重构模块也重构出了各子区域的权值，且残差解码模块已经重构得到了所有的残差，因此对于基准子区域的星座点，直接加上对应的残差即可；对于其他子区域的数据，先通过基准子区域的采样值乘上对应的权值，恢复出对应的星座点值，然后加上对应的残差即可。

（6）**区域映射模块**：区域映射模块主要用于将上述重构出的各个区域的值映射到同一个数组以便后续处理。对于双载波数据，该模块将每个 OFDM 符号的10个区域的数据映射到2048×2的数组中；对于八载波数据，该模块将每个 OFDM 符号的 88 个区域的数据映射到1280×8的数组中。

（7）**OFDM 调制模块**：OFDM 调制模块主要用于将上述频域 OFDM 符号调制到时域，并加上对应的 CP 信息。对于双载波数据，分别对各载波的 2048 点数据进行 2048 点的 IFFT，得到相应的时域数据，并添加上对应的 CP 信息；对于八载波数据，分别对各载波的 1280 点数据进行 1280 点的 IFFT 得到相应的时域数据，并添加上对应的 CP 信息。

（8）**重构数据输出模块**：该模块主要用于输出解压缩后的数据。分别对每个 OFDM 符号（共 140 个 OFDM 符号）的数据进行（1）～（8）的处理，并串行输出数据，即得到解压后的数据。

3.2.3.4　辅助模块

最后介绍用于维护算法的正常进行和对算法进行性能评估的三个辅助模块。

（1）**参数配置脚本模块**：参数配置脚本模块主要为整个压缩、解压缩算法进行参数配置。整个算法所要用到的参数都写入该模块中。由于输入数据有双载波和八载波两种选择，因此算法参数配置模块也提供了两种与之相对应的算法参数配置。

（2）**压缩率计算模块**：压缩率计算模块主要通过原始数据和压缩后的数据来计算每个 OFDM 符号的压缩率以及整个帧内的平均压缩率。压缩率计算所考虑的因素包括矢量量化码本、矢量量化结果、权值及标量量化结果。该模块的输入为原始数据和压缩后的数据，该模块的输出为每个 OFDM 符号的压缩率和算法的平均压缩率。

（3）**误差向量幅度计算模块**：该模块主要用于评估整个算法的误差性能。该模块的输入为原始数据和解压缩后的数据，该模块的输出为算法的各载波数据误差向量幅度的平均值和最大值。

3.2.4　压缩效率测试结果

本节基于基带模拟器产生的双流双载波和双流八载波数据，对基于 MATLAB 平台的基带压缩系统实现进行了仿真。代码及数据的下载网址为 https://github.com/zaxliu/IQinsight。

3.2.4.1　双载波

双载波数据在不同残差量化精度下压缩率与相对误差向量幅度的关系曲线如图 3.3 所示。图中给出了两个载波最大相对误差向量幅度的平均值与压缩率的折中关系。从图中可以看出：① 压缩系统的压缩比较大，0 bit 标量量化时，压缩率可达约 0.03；② 波形失真小，即使不进行标量量化，相对误差向量幅度也在 0.03% 以下；③ 增加标量量化比特数可以进一步降低相对误差向量幅度；④ 是否传输码本对压缩率影响不大。

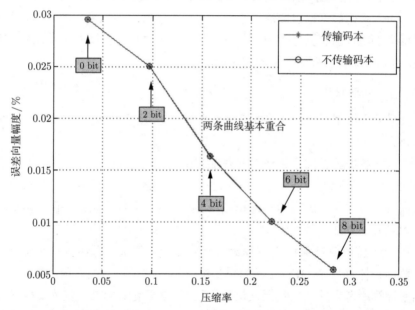

图 3.3　不同残差量化精度下压缩率与相对误差向量幅度的关系曲线（双载波）

更详细的压缩率数据如表 3.4 所示，可以看出，传输码本对双载波压缩率的影响较小，因此进行码本传输的控制没有太多收益。

3.2.4.2　八载波

八载波数据在不同残差量化精度下压缩率与相对误差向量幅度的关系曲线如图 3.4 所示。图中给出了八个载波最大相对误差向量幅度的平均值与压缩率的折中关系。从图中可以看出：① 压缩系统的压缩率较大，在

0 bit 标量量化时，不传输码本和传输码本的压缩率分别可达 0.0364 和 0.056 32；② 波形失真小，即使不进行标量量化，相对误差向量幅度也在 0.07% 以下；③ 增加标量量化比特数可以进一步降低相对误差向量幅度；④ 与双载波不同，八载波数据码本传输对压缩率影响较大，码本传输造成压缩率升高约 0.0194。

表 3.4　双载波数据不同残差量化位数的压缩率均值和方差

标量量化比特		0	2	4	6	8
传输码本	平均压缩率	0.034 534	0.096 757	0.158 98	0.2212	0.283 42
	最差压缩率	0.053 986	0.115 82	0.177 66	0.239 49	0.301 33
	方差系数 (%)	3.4755	0.440 35	0.162 42	0.083 643	0.050 857
不传输码本	平均压缩率	0.034 436	0.096 659	0.158 88	0.2211	0.283 33
	最差压缩率	0.048 309	0.110 14	0.171 98	0.233 82	0.295 65
	方差系数 (%)	3.3618	0.424 57	0.156 55	0.080 636	0.049 048

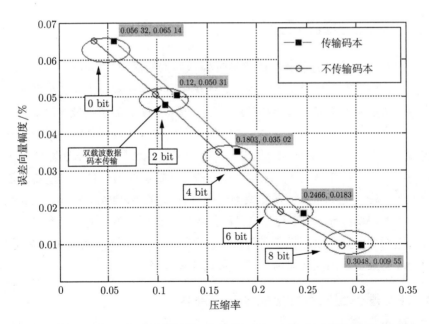

图 3.4　不同残差量化精度下压缩率与相对误差向量幅度的关系曲线（八载波）

更详细的压缩率数据如表 3.5 所示，可以看出，码本传输对平均压缩率和压缩率的波动影响较大，传输码本会提高压缩率并增加压缩率的相对波动。因此，在八载波情况下，对码本传输进行更多的优化设计具有实际意义，可以降低压缩数据的波动性。此外增加量化比特数也可以相对降低波动。

表 3.5   八载波数据不同残差量化位数的压缩率均值和方差

标量量化比特		0	2	4	6	8
传输码本	平均压缩率	0.055 868	0.118 09	0.180 31	0.242 54	0.304 76
	最差压缩率	0.2	0.262 29	0.324 57	0.386 86	0.449 15
	方差系数 (%)	60.594	13.591	5.8423	3.2362	2.0542
不传输码本	平均压缩率	0.036 418	0.098 641	0.160 86	0.223 09	0.285 31
	最差压缩率	0.043 796	0.106 08	0.168 37	0.230 66	0.292 94
	方差系数 (%)	4.1273	0.579 43	0.2244	0.120 17	0.075 671

3.3   基于图聚类的基带功能分布式部署

已有工作仅研究了针对链状基带处理结构的横向基带功能分割方案。实际上，基带处理结构在面向 5G 的演进中可能复杂化，尤其是小区间协作通信可能破坏基带处理结构的线性链状依赖关系。为了拓展上述前传网带宽压缩原理的应用范围，本节提出使用有向计算图表示任意基带处理结构，然后将基带计算有向无环图的分布式部署问题转化为一个图聚类问题，并同时考虑前传带宽、计算成本、计算时延。随后提出一种定制遗传算法对上述基带功能分布式部署图聚类问题进行求解。仿真结果显示，该算法给出的基带功能部署方案可以在延时约束内对计算成本和前传带宽成本进行灵活折中，且可以根据基带处理结构的不同（如协作通信模块的有无）和处理时延要求的变化灵活调整分布式部署策略。

3.3.1   基于图的基带功能分布式部署

无线接入网中的基带处理功能一般具有链状的依赖关系。图 3.5 给出了 LTE 系统基带功能的分布式部署与图聚类的对应关系，对于某小区来说，在上行方向射频信号经滤波、下变频等处理后成为数字基带信号进入处理链，然后经过 FFT 操作（包含去除保护边带和 CP）得到频域资源块，接下来 MIMO 解调对多路空间流的资源块进行处理得到调制星座点，进而经过星座点解调和信道解码得到数据比特流，数据比特流继而被送往上层协议栈处理模块；在下行方向，处理链从上层协议栈获得数据比特流，依次经过信道编码、星座点调制、MIMO 发射、IFFT 等操作后，形成时域基带信号并送往 RRU。如果多个小区间进行协作传输或接收，那么多个小区的处理链间可能出现信息的交互连接，但是信号流动的方向性依旧存在。

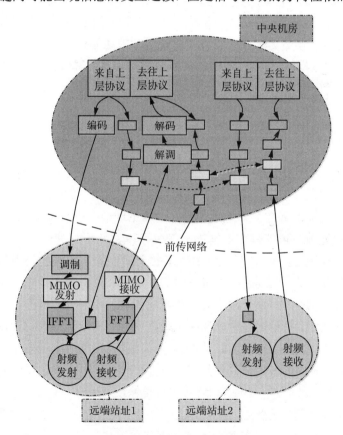

图 3.5　基带功能的分布式部署与图聚类的对应关系

　　在软件定义超蜂窝网络中，上述基带处理功能链中的各模块可能被放置在不同的地理位置，形成不同的基带功能分布式部署方案。图 3.5 示意的两个小区分别给出了两种不同的基带功能分布式部署方案。实际上，已有的基带功能分割方案均可看作基带功能分布式部署的不同特例。

（1）传统以小区为中心的无线接入网为每个小区站址配备独享的计算平台和支持设备，将全部基带计算功能分布式部署在站址处，是以高计算成本换取低汇聚成本的一个极端。

（2）经典的全集中式 C-RAN 将所有计算功能部署在中央数据中心，虽然为计算资源的统计复用和计算平台的灵活选择提供了便利，但是需要消耗极大量的前传网带宽，是以高汇聚成本换取计算收益的另一个极端。

（3）已有的基带压缩算法和基带功能分割部署方案均可以看作上述两个极端之间的折中方案。这些方案通过将基带功能分布式部署在 RRU 和 BBU 处，可以通过计算代价的增加换取前传带宽的降低。

3.3.1.1　基带处理有向无环图

根据上述描述，易见基带处理结构可以表示为一个有向图 $G=(\mathbb{N},\mathbb{L})$。每个节点 $n\in\mathbb{N}$ 代表一个不可分的基带处理功能模块（如 FFT 和 MIMO 检测），每个有向边 $l\in\mathbb{L}$ 代表了不同处理功能节点间的一条逻辑连接[①]。注意节点中有源节点（无入边）和宿节点（无出边）的区别。该有向图中每个节点均被部署在某一地理位置（远端站址或中央数据中心），假设每个处理功能节点可能具有不同的处理复杂度，并根据其处理复杂度函数 $\psi:\mathbb{N}\to\mathbb{R}$ 分配一个节点权重。因此每个地理位置内部署的处理节点的总节点复杂度正比于该地的计算资源成本。进一步假设每条逻辑链接具有一定的传输带宽需求，每个边按其前传宽函数 $\iota:\mathbb{L}\to\mathbb{R}$ 分配一个边权重。根据上述表示，易见远端站址和中央数据中心间逻辑连接的总边权重就是前传网的带宽成本。每条从源节点到宿节点的路径代表了一条完整的基带处理链。注意因为多用户并行处理，一对源节点和宿节点之间可能存在多条路径；并且因为协作处理（如协作多点传输或多用户 MIMO）可能带来基带功能单元间的信息交互，使得上述有向图中可能存在环。后面会看到，这些环的存在会对基带功能的分布式部署和放置产生很大的影响。当然，还是可以假设图中没有因基带处理功能抽象不当带来的自环。考虑到基带处理功能一般有很严苛的处理实时性要求，假设一条路径中的每一个节点会引入一个额外的时延 $d(n,p)$，其中 n 是节点的标号，而 p 是正在被考察的

[①] 假设节点和变量用整数编号。

路径。这个时延函数反映了基带任务的处理和排队时延。任何可行的聚类方案都应该保证路径的总时延小于一个预定义的上限：$\sum\limits_{n \in p} d(n, p) < D(p)$。

3.3.1.2　计算图分布式部署与图聚类

图聚类问题[58]研究如何通过将图节点进行合理归组来最优化某种成本/收益指标，其常见目标是将"接近"或"类似"的节点归为一组。本章研究的基带计算图分布式部署问题可以被映射为一个图聚类问题进行求解。这里各聚类具有明确的物理意义，同一聚类中的图节点代表的计算功能将被放置在同一物理地点（如远端站址或中央数据中心），因此节点被归入不同的聚类，对应于与计算功能在不同物理地点间的分布式部署。对于计算图分布式部署问题映射生成的图聚类问题，成本指标中需要包含在各物理地点部署计算功能带来的计算成本和在各物理地点间进行信息传递带来的前传带宽成本，同时为每条处理链建立一定的时延约束。

具体来讲，某一个基带功能的分布式部署方案对应于一个图聚类方案 $\xi: \mathbb{N} \to \mathbb{Z}$，在该聚类方案下可求得一对成本指标。第一个指标为计算成本 $c_c(i; \xi)$，其中 i 是聚类的标号，ξ 是被考虑的聚类方案。计算成本是为了反映在某个物理地点实现基带处理功能的成本，因此应与聚类内的节点复杂度有关。另外因为尺寸、供电等原因，在不同地点部署同一计算功能的成本可能不同，因此聚类方案应该允许不同聚类拥有不同的成本特性①。第二个指标为前传成本 $c_f(i, j; \xi)$，其中 i 和 j 是相连的两个聚类的标号。前传成本是为了反映在不同物理地点间传递信息的前传带宽成本，因此应为聚类间总边权重的函数。计算成本和前传带宽成本在基带功能分布式部署的框架下是一对矛盾的目标，因此不同的聚类方案会导致不同的计算与前传成本折中。此外，节点时延特性也与聚类方案有关，因此将路径时延表达为聚类方案的函数 $d(n, p; \xi)$。

3.3.2　面向基带功能分布式部署的图聚类遗传算法

面向基带功能分布式部署的图聚类方案可以表示为一个离散取值的向量 ξ，其第 k 项取值代表第 k 个节点的聚类标号。基于上面的表示，该图聚类问题的代价函数可以通过 ξ 参数化，进而图聚类问题可被转化为下面

---

① 例如在远端站址处实现计算功能一般比在中央数据中心处实现昂贵。

的双目标优化问题：

$$\min_{\boldsymbol{\xi}} \quad \sum_i c_c(i; \boldsymbol{\xi}), \quad \sum_i \sum_j c_f(i, j; \boldsymbol{\xi})$$
$$\text{s.t.} \quad \hat{d}(p; \boldsymbol{\xi}) = \sum_{n \in p} d(n, p; \boldsymbol{\xi}) < D(p) \tag{3-4}$$

上述优化问题是一个组合优化问题，问题复杂度与计算模块总数呈指数关系，并且具有两个相互矛盾的优化目标。为此本节提出一种遗传算法对上述算法进行求解。

遗传算法是一类借鉴了生物进化自然选择机制的搜索算法，其一般包含子代选择、交叉遗传、突变等基本操作模块[59]。典型的遗传算法会针对待解决问题考察一组解（即种群），通过上述基本操作模块对解进行修改和筛选，使种群中出现更优的解。解所具有的可以被更改的特性一般称为染色体，并通过 0/1 或其他方式进行编码。一个典型的遗传算法求解过程一般起始于一组随机获得的种群，通过多轮的迭代操作对解进行改进，直到算法收敛条件得到满足。每一次迭代操作均会根据某一目标函数计算种群中解的适定性，并经过一个更倾向于适定性高的解的随机筛选过程。随后对筛选获得的新解进行重组或修改，形成新的一代种群。下一次迭代以此种群为起点进行。从计算机制方面考察，遗传算法可以被看作一种并行算法，通过隐含的并行搜索机制同时考察多个解的组成部分以寻求更好的解。遗传算法只是一类宏算法（meta algorithm），为了应用到某一个具体的问题中，需要对其基本操作模块进行定制化。本节针对基带计算图的聚类问题给出一个基于图的遗传算法。

3.3.2.1 解编码方案

遗传算法的一个核心问题是如何对解的可更改特性进行表达（形成染色体），这个过程被称为解编码。一个合适的编码方案会使得交叉遗传和突变模块易于产生合法的后代，否则需要进行额外的筛选工作并重新生成合法解，增加算法的计算量。本节提出的算法使用聚类向量 $\boldsymbol{\xi}$ 作为解的编码，也就是说编码的每一个维度代表某一个节点（计算模块）所属的聚类编号（物理地点），因此改变其值则表示改变聚类方案。此外，在算法运行过程中规定某些维度的值不可更改，这是因为某些计算模块只有被放置在特定物理位置才有实际意义，例如射频处理模块必须放置在远端站址的天线旁，而基带计算不涉及的上层协议接口操作则必须放置在中央数据中心。在后文中这些取值固定的维度所对应的节点将被称为聚类种子节点，因为最后生成的聚类方案会根据这些节点的初始分配位置进行初始化。后面可以看到，这种编码方案可以很好地与交叉遗传和突变模块适配。

3.3.2.2　适定性函数

遗传算法的另一个要点是如何评价不同解的优劣，一般通过一个定义于解编码域上的适定性函数计算，适定性越高的解质量越高，反之则质量越差。因为本章考虑的基带功能分布式部署聚类问题有两个相互矛盾的优化目标，这里提出的适定性函数包含一个由计算成本和前传成本线性组合形成的代价项。通过改变该代价项的线性组合系数可以改变两个成本因素的优先级，以对计算成本和前传成本进行折中。

原优化问题中包含一组路径时延约束，为了避免遗传算法在该约束下产生"非法"的解，可以为适定性函数构造一个与该约束有关的惩罚项。如果某个解满足时延约束，则不会引入惩罚；反之，如果某个解违背了时延约束，则惩罚项会大大降低解的适定性数值。

根据上面的描述获得适定性方程：

$$F(\boldsymbol{\xi};\alpha,\beta)=-w_1\sum_i c_c(i;\boldsymbol{\xi})-(1-w_1)\sum_i\sum_j c_f(i,j;\boldsymbol{\xi})-w_2\sum_p(d(p;\boldsymbol{\xi})-D(p))^+$$

$$(3\text{-}5)$$

其中，$c_c(i;\boldsymbol{\xi})$ 是第 i 个聚类产生的计算代价，$c_f(i,j;\boldsymbol{\xi})$ 是第 i 和 j 聚类间的前传代价，w_1 是计算代价和前传代价的折中系数，且 $0\leqslant w_1\leqslant 1$，$w_2$ 是惩罚因子，$w_2>1$，$(\cdot)^+$ 是非负规范化函数。

3.3.2.3　扩散交叉遗传

交叉遗传操作对多个解的染色体进行重新组合以获得更优的解。本算法中选取扩散交叉遗传法（dispersive crossover），该方法以等概率从其父代染色体中选取基因以形成子代染色体。具体来说，从上一代种群中选择两个解作为双亲，子代解向量的每一个维度数值赋为双亲中随机选择的一个解对应维度的数值。根据选取的编码方案，易知通过上述扩散交叉操作形成的子代解向量合法，该子代解也代表了一种聚类方案。

3.3.2.4　基于图的突变

突变可以帮助种群中的染色体脱离局部最优点。本算法基于问题的结构定制了一个基于图的突变函数。具体来说，为节点定义一个邻接矩阵 C，其中 $C(i,j)$ 当且仅当节点 i 和 j 相连（connected）时为 1，其余情况时为 0。通过 C 可以为每个节点导出一个可行突变集 $A(i) = \{\boldsymbol{\xi}(j) \mid C(i,j) = 1,$ 且 j 节点是种子节点$\}$，该集合给出与节点 i 直接或间接连接的所有聚类。接下来，算法为当前种群中每个解的每个维度 i 从 $A(i)$ 中随机选取一个值进行突变。上述基于图的突变实际上限制了突变的局部性，它只允许将计算节点重新布置到与当前聚类相邻的聚类中，可以避免计算链在聚类间往复布置无谓增加前传代价。

3.3.3　仿真结果

本节针对一个简化的基带处理图验证上面基于图的遗传算法的效果，仿真代码下载网址为 https://github.com/zaxliu/CRAN.GraphCluster。

3.3.3.1　仿真参数

在仿真中使用的基带处理图如图 3.6 所示，该图中包含一个中央数据中心和两个远端站址，对应两个蜂窝小区。每条链中包括 FFT、MIMO、调制解调、信道编码、信道解码等常见模块，每个小区配备了两条处理链。在图中，节点名称根据其类别、所属逻辑小区、所属子处理链所决定。举例来说，节点 MIMOTX.1.2 是第一个小区中第二个（共两个）下行处理链路的 MIMO 发射机。注意为了实验展示的简洁需要，该计算图仅仅包含了最重要的上、下行处理功能，而其他处理功能，如资源映射/解映射、信道估计、扰码都被忽略。

该计算图中为每个节点和边分配了权重。节点权重表示了对应模块的计算复杂度，并在表 3.6 中列出。表中取值基于文献 [29] 中的实验结果。边权重反映了处理功能节点间的信息流量并在图 3.6 中标出。举例来说，每一个 MIMOrx 节点具有一个来自 FFT 节点的权重为 0.45 的边，这是因为本处假设循环前缀和控制信令占用了 10% 的开销，去除这些开销后的信息在两个处理链间平分。此外，经过调制/解调节点的边权重会急剧增加/降低，这是因为本处假设 30 bit 的复基带采样被转化为或转化自 4 bit 的星座点映射码本（16-QAM）。在协作传输的情况下，相邻的MIMO模块存在交互连接（例如MIMOTX.n.2-MIMOTX.(n+1).2和MIMORX.N.1-MIMORX.1.1）[①]。

表 3.6　各类别节点的权重

标号	1	2	3	4	5	6
类别	radioTX	radioRX	fft	ifft	MIMOTX	MIMORX
权重	0	0	1	1	0.5	0.5
标号	7	8	9	10	11	12
类别	mod	demod	code	decode	sourceDL	sinkUL
权重	0.1	0.1	0.1	2	0	0

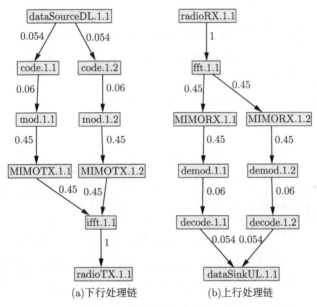

(a)下行处理链　　　(b)上行处理链

图 3.6　简化的基带处理结构

假设计算和前传代价符合表 3.7 和表 3.8 中的指数形式。做出该假设的依据如下：

（1）中央数据中心中集中布置的计算资源成本较低，故假设其内部中的计算代价为 0；

（2）因为节点内部信息传递不需要利用前传网络，故节点内部的前传代价为 0；

---

① 协作传输引入的边权重等于MIMO和FFT之间边的权重。

表 3.7　仿真中使用的计算代价函数 $c_c(i, \boldsymbol{\xi})$

	代价函数
远端站址	$2^{\sum_{\xi(n)=i} \psi(i)}$
中央数据中心	0

表 3.8　仿真中使用的前传代价函数 $c_f(i, j, \boldsymbol{\xi})$

边类型	代价函数
远端站址内	0
中央数据中心内	0
远端站址间	$4^{\sum_l \iota(l)}$
远端站址与中央数据中心间	$2^{\sum_l \iota(l)}$

（3）远端站址和中央数据中心间的前传代价高于远端站址之间的前传代价，这是因为前传网络一般都面向汇聚信息而做优化；

（4）假定聚类内部的基带计算任务平分计算资源，因此节点时延可以表示为对应节点权重和聚类内总节点权重的乘积 (表 3.9)。

表 3.9　时延函数 $d(p; \boldsymbol{\xi})$

	时延函数
远端站址	$\sum_{n \in p} \left(\psi(n) \sum_{\xi(w)=\xi(n)} \psi(n) \right)$
中央数据中心	0

其他重要的仿真参数如表 3.10 所示。注意这里所使用的初始化函数也是基于图的，也就是将节点初始化到其所连接的种子节点所在的聚类中。

表 3.10　仿真参数

参数	取值/类别
种群规模	20
初始化	基于图的随机初始化
种子节点	radioTx, radioRx, dataSourceDL, dataSourceUL
选择函数	轮盘选择
交叉遗传	扩散交叉遗传
突变函数	基于图的突变（概率为 0.4）
时延惩罚项	10

3.3.3.2　计算与通信成本的折中

本章提出的遗传算法的适定性函数中包含了一个计算成本与前传成本线性组合形成的成本项。通过组合系数 w_1 可以调整在两者之间的偏好,从而在最终获得的基带分布式部署策略中对计算成本与前传成本进行折中。图 3.7 展示了线性组合系数 w_1 在区间 $[0.01, 0.3]$ 内取值时的计算与前传代价。图中取值为 10 次仿真结果的平均值。可见当 w_1 增加时,计算代价降低,同时前传代价升高,形成了明显的折中关系。

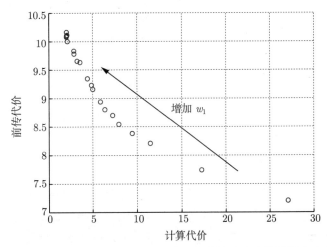

图 3.7　不同线性组合系数 w_1 取值下聚类结果对应的计算成本与
前传成本形成的折中关系
时延约束 $D(p) = 30$

为了分析聚类方案形成上述折中关系的机理,在图 3.8 中展示了不同线性组合系数 w_1 取值下聚类结果中各节点所属聚类的统计,其中横轴为节点标号(节点类别见表 3.6),纵轴为节点在多次仿真中被归入远端站址所属聚类的概率。不同线性组合系数 w_1 取值对应的柱状图色调不同。从图中可见,当 w_1 增加时(颜色变浅),部署方案更倾向于将节点集中部署到中央数据中心,这是因为 w_1 增加时计算代价权重更大,通过在中央数据中心进行集中部署可以减小分布式部署方案的整体计算成本。此外还可观察到,不论 w_1 如何取值,信道解码模块一直被部署在中央数据中心对应的聚类中。这是因为信道解码模块具有很高的计算复杂度,将其放在远端站址会引入过大的时延惩罚。

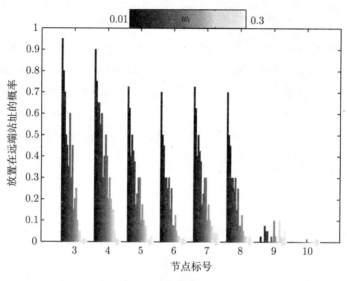

图 3.8　不同线性组合系数 w_1 取值下聚类结果中各节点所属聚类的统计图
时延约束 $D(p) = 30$

3.3.3.3　协作通信的影响

仿真中也考察了协作通信功能存在与否对于聚类结果的影响，图 3.9 中展示了 10 次仿真结果的平均值。可以看到协作通信处理模块对算法结果有很大的影响：协作通信存在时，基带处理功能会更多地被部署到中央数据中心。产生此现象的原因是，协作通信功能在计算图的 MIMO 模块间引入了跨处理链的交互链接，如果将 MIMO 模块部署到远端站址，则会在远端站址间引入大量的信息交互，抬升了前传带宽成本。此外，在实际网络的协作通信操作中，有时只有一部分射频资源会被用来进行协作通信，此时可以通过混合协作与非协作模块，将协作 MIMO 模块集中放置，而将非协作 MIMO 模块放置在远端站址，以此来减小总带宽成本。

3.3.3.4　时延约束的影响

仿真也考察了时延约束的影响，图 3.10 展示了时延约束从 1 到 20 时的平均计算代价和前传代价（10 次仿真平均）。从图中可见，不同的时延阈值会导致不同的折中关系：阈值较低时部署在远端站址易于产生时延惩罚，因此得到的聚类方案更倾向于集中化；相反，时延约束比较宽松时，则可以将更多的计算功能放置在远端站址。

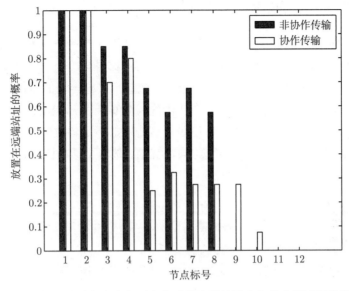

图 3.9　协作通信功能存在与不存在时的聚类结果中各节点所述聚类的统计图

线性组合系数 $w_1 = 0.05$, 时延约束 $D(p) = 30$

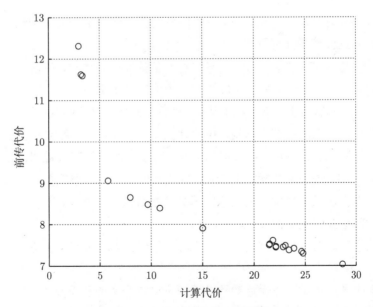

图 3.10　不同时延约束下的聚类结果

线性组合系数 $w_1 = 0.01$, 左侧点时延约束值更小

3.4   软件定义前传网络设计

本章已经面向软件定义超蜂窝网络提出了基于基带功能分布式部署压缩前传带宽的算法。然而基带计算功能的分布式部署会改变前传网上的流量特性、路由拓扑和时延需求，传统面向时域基带采样传输的前传网技术承载困难。针对此种情况，本节首先从传输载荷复杂性、路由拓扑灵活性和时延需求异质性三方面出发，讨论传统前传网的不足和改进需求。进而依据上述需求，结合包交换、传输与同步解耦、基于会话的流量控制三种手段提出一种软件定义前传网架构。

3.4.1   需求分析

3.4.1.1   传输载荷

传统前传网负责传输恒定比特率的基带采样信号流，因此针对该应用作了很强的优化。但是近年来出现的基带功能分割和基带压缩，在压缩了带宽的同时，为前传网带来了非基带采样信号的数据流，其流量的时域统计特性与基带采样差异较大。图 3.11 展示了不同基带功能分割方案下前传网传输载荷的瞬时传输速率。图中除传统前传网的基带采样传输外还对比了另外三种基带分割方案。

（1）**低通基带传输**：时域基带采样经低通滤波后传输，可以去除空白的保护频带，相比原始基带采样信号大约可以将带宽减半。

（2）**频域资源块提取**：在射频单元处完成时频转换和活跃资源块提取，并且只传输活跃的频域资源块。在此种机制下，瞬时传输带宽与空中接口资源占用率成正比，因此在低负载小区中可以大幅降低前传带宽。

（3）**待调制比特传输**：在 RRU 完成调制解调以下层次的操作。因为调制解调模块以上层次表达信息的形式比复数采样更紧凑，因此带宽可以缩减到时域基带采样的 1/10 以下。

除了平均前传带宽的改变，基带功能分割还会改变前传载荷的时域统计特性，使其具有一定的随机波动和周期性。瞬时速率的随机波动一方面来源于小区业务量动态变化导致的频域资源占用率的动态改变，另一方面来自因为信道随机动态改变带来的调制解调方式（modulation and coding scheme, MCS）的动态变化。与此同时，瞬时带宽中的周期性来源于控制信息的周期性传输，包括下行物理控制信道（PDCCH）和物理层随机接入信道（PRACH）等都会周期性地带来用户信息以外的开销载荷。基带信号压缩与功能分布式部署等通信与计算协同机制均有可能产生在前传带宽和流量特性上不同于基带信号采样的载荷，因此前传网需要在载荷传输机制上做出改进。

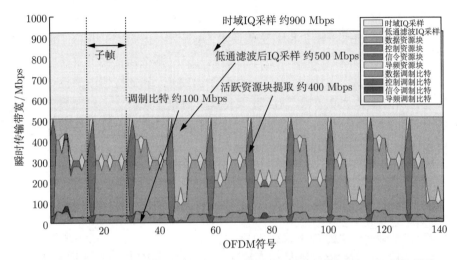

图 3.11　不同基带功能分割方案下前传网传输载荷的瞬时传输速率（见文前彩图）
仿真参数：单个 20 MHz LTE 小区，10 UE，下行单链路传输，考虑了子帧（subframe）粒度的信道和业务量变化和链路自适应（link adaption）机制

3.4.1.2　路由拓扑

　　传统前传网仅支持在 RRU 和 BBU 之间进行固定的点到点的信息传输。然而移动网络的进一步演进要求前传网能够支持更复杂的逻辑拓扑。例如，多小区的集中基带处理要求前传网能支持多 RRU 对单 BBU 的星状逻辑拓扑。当基带功能分割导致部分协作通信功能被部署在 RRU 上时，前传网也需要承载 RRU 间的信息传递。更进一步，当网络运行模式（如基带功能分割方案）会动态调整时，前传网信息流的逻辑拓扑也需要能够按需做出调整。除了逻辑拓扑的多样性与动态性之外，对信息流的路由粒度也有更高的要求。例如，在以设备为中心的通信模式中，使用多点协作通信的用户可能需要将其信号从多个 RRU 汇聚到同一个 BBU 进行处理，而在同一个小区中的非协作用户则可能只需要在 RRU 本地处理即可。

3.4.1.3 差异化的时延需求

传统的前传网因为只面向基带采样信息的汇聚而设计，为保证不影响 BBU 处的时间处理裕量，时延需求十分苛刻（一般在几百微秒量级）。但是在下一代移动通信系统中，多方面的因素可能共同导致前传网流量时延需求的差异化，出现精细化调度的需求。例如，前面述及的不同基带功能分割方案可能会对前传网时延造成不同程度的放松。以 LTE 系统为例，文献 [60] 表明，如果将混合自动重传请求（hybrid automatic repeat request, HARQ）以下层次的处理功能全部部署于 RRU，那么前传网流量传输的时延可以放宽到 10 ms 量级。在下一代移动网络中，新的应用场景也可能带来前传网时延需求的放宽，尤其是某些具有时延容忍特点的机器类通信业务流量。上述因素带来的前传网时延需求的不同程度的放宽，将要求前传网能够提供具有差异化时延的传输服务。

3.4.2 实现方式

为了满足移动网络演进对前传网提出的上述新需求，本部分给出一个软件定义的新型前传网架构。该架构如图 3.12 所示，在物理层面由 RRU、BBU 和前传网交换机相连构成。该架构的功能可以分为四个层次：基础的时间和频率基准分发功能构成同步层，载荷在端节点和交换机节点的转发功能构成载荷层，对上述两个层次功能的控制功能形成控制层，整体的软件定义前传网传输服务以会话粒度的流量传输服务形式体现形成会话层。下面分别对同步层、载荷层和会话层的实现机理进行讨论。

3.4.2.1 传输同步解构

在传统的前传网中，同步与载荷传输是耦合的，同步信号与基带采样信号一起从 BBU 传送到 RRU。然而当前传网的逻辑拓扑复杂化时，上述耦合的点到点同步方式会造成多路同步信号在网络节点中的歧义性。本部分中提出的软件定义前传网采用解耦的同步方式，形成独立于载荷传输拓扑的同步信号有向传输拓扑。具体来说，外部同步信号源通过 BBU 接入软件定义前传网的同步层，构成同步信号的信源；同步信号按照一定的物理拓扑传递到与 BBU 相连的前传网交换机，交换机对收到的多路同步信号进行选择、合并与再生，并发送到直接相连的下游前传网交换机或

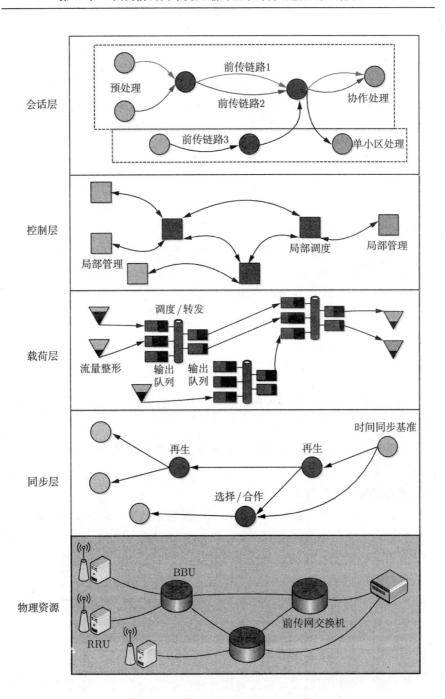

会话层

控制层

载荷层

同步层

物理资源

图 3.12　软件定义前传网参考架构

RRU；RRU 接收来自上游链路的同步信号；此外，外部同步源也可以接入前传网交换机，与上游传来的同步信号一起进行处理。在上述处理过程中，同步信号交由锁相环（phase-locked loop, PLL）和专用同步处理器进行处理，传递过程中采用基于消息的网络同步协议。上述传输与同步解耦的网络设计方式也见于同步以太网[61] 和 IEEE 1588 协议。

3.4.2.2　基于包交换的前传传输

在软件定义前传网中，流量以包的形式传输。在 BBU 或 RRU 处产生的前传流量，首先通过缓存和分帧进行流量整形形成传输载荷，接下来每帧载荷被赋予一个短包头以标记前传链路号与链路内记数等信息，打包后的信息被交予更底层的传输协议负责传输；在物理传输链路的另一端，中间接收节点获取前传包后进行缓存并提取包头信息，其局部控制器分析包头信息，决定下一跳的转发方向和调度优先级，接下来前传包依此被转移到发送缓存中等待调度传输；经过多跳传输后前传包到达目标节点，经过去包头等操作后还原原始信号供后续信号处理。

相比恒速率的前传流量传输方式，基于包交换的前传流量传输有以下优势：

（1）可变的包长可以动态地适配通信与计算协同中产生的不同粒度的前传载荷。

（2）封装于包内的前传流量可以被灵活地传输调度，在非恒速率的前传流量下可以通过适当的统计复用增加带宽的链路利用率，并通过优先级的配置实现差异化的时延保证。

（3）来自同一个上游节点的前传网流量包，可以根据需求路由到不同的目的地，形成多种前传逻辑拓扑。当链路或节点故障时，前传流量还可以动态地转移到冗余的物理路径上，增强前传网络的故障抵抗性。

值得指出的是，IEEE 1904 工作组已经在研究通过名为 radio/CPRI-over-Ethernet 的技术，这项技术基于以太网传递时域基带采样信号，相比之下本部分提出的方案可以传输时域基带信号以外的前传流量。

3.4.2.3　基于会话的前传流量管理

软件定义前传网以会话粒度对流量进行管理，属于同一会话的前传流量在路由中采取相同的物理路径，并具有相同的平均带宽需求、时域统计特性和时延需求。网络管理层在会话建立时为其寻找最优的物理传输路径，并配置传输路径上对应交换节点的局部转发策略；在会话终止时则负责取消对应的转发策略项。采用会话粒度管理前传流量的原因是，前传网流量一般是在一对端节点间持续一定时间的信息流。对同一个信息流内的会话默认采用相同的转发和调度策略，可以简化交换机节点上的转发和调度操作以加快交换速度，并避免多径路由带来的乱序重排时延，因此相比无连接模式的传递策略更适合前传网流量的传输。基于会话的流量管理在包交换的底层网络中一般通过虚电路（virtual circuit）的方式实现，典型的例子是在互联网骨干网络中常见的多协议标签交换（multi-protocol label switching, MPLS）协议。

3.5　本章小结

本章讨论利用软件定义超蜂窝网络中计算功能能够灵活部署的特点，通过基带计算功能的分布式部署大幅压缩前传网传输带宽。具体内容如下。

（1）首先分析了基带信号的可压缩性来源，指出基带信号处理过程实质上是向用户信息中逐级添加冗余信息的过程。前传网传输带宽高主要是由于传输了大量的冗余信息，而前传网带宽压缩的关键在于降低前传网流量中的冗余性。

（2）通过对基带信号生成过程的分析指出了基带信号对应强相关有记忆信源，因而将基带信号源看作无记忆信源的时域压缩算法压缩效率低。进而基于基带信号中冗余信息的产生机制设计了一种面向 LTE 下行基带信号的变换域结构化矢量量化压缩算法。在 MATLAB 平台上实现了该算法，并使用时域基带信号采样数据测试算法性能，结果显示该算法具有最高约 30 倍的压缩比和可以忽略的压缩重构误差。

（3）提出了基于有向图的广义基带处理结构表示方法，并提出将基带功能分布式部署建模为基带处理有向图上的图聚类问题。针对此问题设计了一种基于图的遗传算法，可以在任意基带计算有向图上求解分布式部署方案。采用简化的基带计算图对该算法进行了验证，结果显示该算法可以根据对计算与前传成本的不同偏好给出具有不同成本折中特性的分布式部署方案。仿真中也对协作通信模块与时延约束对算法结果的影响进行分析，结果显示，更多的协作通信功能和更紧的时延约束会产生更加趋向集中化的部署方案。

（4）针对基带计算功能分布式部署对前传网流量特性、拓扑结构和时延需求带来的改变提出了一种软件定义的前传网架构。该架构基于包交换进行前传网流量传输，可以通过传输调度处理突发前传流量和异质性的时延需求，并通过转发操作灵活实现多种逻辑拓扑；采用同步与传输解耦的方式为网络节点提供时间和频率基准，支持同步拓扑与传输拓扑的异质性；同时基于会话粒度对前传流量实施管理，降低了包交换前传网管理开销。

第4章　基于深度学习的软件定义
超蜂窝网络休眠控制

4.1　引言

第 2 章提出了软件定义超蜂窝网络架构，进而讨论了在一定的无线通信服务需求下，如何通过合理配置计算资源规模和计算功能的部署位置显著降低汇聚带宽成本。在此基础上，本章讨论利用软件定义超蜂窝网络中丰富的边缘通用计算资源，设计基于深度学习（deep learning）计算模型的网络休眠控制算法，进一步提升软件定义超蜂窝网络的服务能力并降低运行开销。

近年来，随着各领域数据的加速积累和计算平台能力的大幅提升，深度学习计算模型得到长足发展。深度学习模型指的是具有多个隐藏层的人工神经网络，是一种典型的机器学习（machine learning）模型。但是相比其他类型的浅层机器学习模型（如决策树、支持向量机等），深度学习模型具有更大的学习容量（learning capacity）。通过在超大规模数据集上辅以基于梯度的随机优化算法进行训练，深度学习模型可以直接从各类原始传感数据（如图片、视频、声音、符号序列）中自动归纳有效数据特征，并用于分类、回归、概率密度估计等感知类任务（recognition）中。因为深度学习模型的使用不需要手工设计算法以从原始传感数据中提取特征，因此又称为端到端的学习方式（end-to-end learning）。在深度学习计算模型的帮助下，感知类人工智能算法的性能近年来得到了显著地提升，并已经在图像识别、语音识别、自然语言处理等多种任务中达到或超越了人类平均水平 [62]。同时，基于深度学习模型的控制类算法也获得了很大的成功。例如深度学习模型与强化学习框架结合形成的深度强化学习算法已经被应用在诸如视频游戏[63-64]、围棋[65]、对话系统[66]等复杂的控制任务中，并超越了人类平均水准。

本书提出的软件定义超蜂窝网络是一种可重构的网络架构，可以使用软件算法对网络的运行机制进行动态地调控。同时，该架构在网络边缘部署了丰富的通用计算资源，可以搭载高计算复杂度的网络控制算法。综合上述两方面因素，本章提出利用深度学习计算模型对软件定义超蜂窝网络进行动态的休眠控制，以显著降低网络运行开销并提升网络性能。4.2 节首先介绍超蜂窝网络业务小区接入选择和休眠问题，并给出基于深度学习算法进行休眠控制的整体框架。4.3 节针对基站接入选择阶段给出基于有监督深度学习的跨小区信道预测算法，并针对动态休眠阶段给出基于深度强化学习（deep reinforcement learning, DRL）的业务小区动态休眠算法。4.4 节通过网络仿真（simulation）与基于实测数据的网络模拟（emulation）测试本章提出的算法性能。4.5 节对本章工作进行总结。

4.2　数据驱动的休眠控制框架

已有研究指出，基站能耗占整体移动网络能耗的 60% ~ 80%[67]，而基站平均一天有 30% 的时间业务量低于峰值的 10%，因此在低业务量时段将业务基站调整到低功耗休眠模式能够有效地降低超蜂窝网络能耗。如何在复杂的信道环境与变动的用户业务需求下通过休眠控制对网络资源和用户需求进行弹性适配是超蜂窝网络中的核心研究问题之一。针对超蜂窝网络中的休眠控制问题，已有研究将问题解耦为接入控制与动态休眠两阶段进行：接入控制阶段，基站在较长的时间尺度上（分钟到小时量级）工作，根据不同时间切片（time slice）内的平均网络状态信息决定用户与基站的连接关系，未接入任何用户的基站则可以进行在当前时间切片内进行长时休眠以节省能量[68]；动态休眠阶段，基站则工作在更短的时间尺度上（秒到分钟量级），在此时间尺度上用户接入策略近似固定不变，休眠算法根据各基站内用户业务量的短时随机波动对基站进行短时动态休眠与排队控制，在一定服务质量需求的前提下节省基站运行能耗[67,69-70]。

4.2.1　接入控制中的信道信息获取

接入控制阶段需要获取用户与基站间的全局信道状态信息（channel state information，CSI）用以评估服务质量。已有针对接入控制的研究工作一般假定信道状态信息已知，然而在业务基站密集部署的超蜂窝网络中，利用传统方法估计信道状态信息难度很大。最常见的信道信息估计方法为基于导频的信道训练（pilot-aided channel training），该方法在发射端发送已知的信号序列给接收端，供其对信道进行估计，导频所占用的频谱资源开销正比于系统所使用信道的自由度（degree of freedom，DoF）。在密集、宽频、异构、协作的网络形态演化趋势下，基于导频的信道训练会引出一系列问题。首先，随着网络的密集与宽频化，单位面积内可利用的信道自由度将大大提升，这也意味着在基于导频的信道学习机制下导频所占用的信道资源急剧上升；其次，导频的空间重用会在密集的相邻小区中引入导频污染（pilot contamination），降低信道估计精度[71]；最后，周期性的信道估计流程要求收发端基站持续处于开启状态（否则无法发送导频信号），这极大地减少了超蜂窝网络通过休眠进行节能的机会。

为了降低基于导频的信道训练的开销，已有研究工作针对特定的通信制式和信道情况对导频信号格式和估计信息的反馈机制进行了设计[72-73]。还有研究提出利用地理位置信息与大尺度信道信息的相关性减小信道信息获取开销。例如文献 [74] 提出结合信道信息地理数据库与用户地理位置信息对用户的信道信息进行推断；文献 [75] 进一步基于高斯模型对数据库中未记录信道信息的地理位置进行外推。但是，精确的用户地理位置信息一般十分难以获取，网络端定位所需要测量的信号到达角（angle of arrival，AoA）和到达时间（time of arrival，ToA）信息在窄带多径环境下一般分辨率低且干扰严重；而基于全球卫星定位系统（GPS）的用户端定位则无法在室内使用且耗电量过大。因而利用地理位置信息辅助进行信道估计的方法使用场景有限。

传统信道估计方法在密集网络中开销大的主要原因是需要分别估计不同用户与不同基站间的信道。这是因为一般假定无线信道具有较短的去相关距离，不同基站距离远超去相关距离，因而信道不具有统计相关性，无法利用已有信道估计结果降低进一步获取信道信息的开销。然而上述信道去相关假设对于多天线与宽频的通信系统不再成立。考虑具有多个散射体的传播环境，某一用户到两组不同基站的信道由各散射体散射形成的多径叠加形成。其中经过同一个散射体到达两组不同基站的传播路径长度高度相关，因此根据电磁传播规律形成的单径信道响应也应高度相关。如果可以通过多天线与宽频带形成高分辨率的信道观测向量，增强不同散射径信道响应分量的区分度，则两个基站处的信道观测向量应该具有很强的非线性相关性。机器学习算法可以被用来挖掘这种非线性相关性，通过在一定信道观测上进行训练可以进行跨小区的信道预测，降低密集网络中的信道获取开销。

4.2.2　复杂动态业务下的动态休眠

短时动态休眠的最主要难点是用户业务流量的随机动态到达和服务。因为不能完全预知用户业务，基站休眠会造成业务的延迟与阻塞，形成休眠算法能效与用户服务质量的折中关系。排队论是分析上述折中的常用理论框架[76-77]。已有研究的主要方法为基于简化的统计模型推导最优的休眠策略。例如，在泊松到达和负指数服务时间分布假设下，已有工作证明双门限滞回休眠策略的最优性[78-79]。虽然对于更一般化的业务到达和服务时间分布双门限滞回休眠策略的最优性没有保证，但是在已有工作中还是常被用来当作一种直观的基准算法[80-81]。当业务和服务模型过于复杂以至于不能获得最优休眠策略的闭式解时，还可以将休眠问题建模为一个马尔可夫决策过程（markov decision process，MDP）并通过值迭代（value iteration）等方法进行数值求解[82]。

尽管已有基于随机流量模型的工作可以给出一些理论分析结果，但是考虑到真实世界中用户流量的复杂性（包括自相似性[83]和非平稳性[84]等）很难用简单可分析的随机流量模型建模，基于模型推导得到的动态休眠控制策略对现实指导意义可能会降低。为了能够降低对用户流量模型的依赖，本节提出基于强化学习框架进行动态休眠算法设计。强化学习框架研究如何设计一个算法智能体（agent）通过与一个 MDP 环境（environment）的连续互动来学习最优的互动策略。算法智能体可以在互动中从环境获取标量奖励信号，用以区分其策略的好坏。但是标量奖励信号可能具有延迟性、随机性等特性，因此单个奖励信号不足以评价整个策略的好坏。强化学习算法的主要目的就是研究算法智能体如何在没有环境模型的情况下评估和优化其策略。

基站休眠问题实际上是一个连续决策的过程,休眠控制器根据当前和过往的系统状态,例如业务量和队列长度,对受控的基站进行休眠和唤醒操作。上述操作进而会影响系统中的用户,造成等待、丢包等系统状态的演化,形成新的系统状态,并影响未来的休眠决策。为了将基站休眠问题建模为一个强化学习问题,将两者组成元素做如图 4.1 中的对应:业务源 E 模拟用户业务,服务器 S 是休眠基站的数据平面,控制器 C 是休眠基站的控制平面,奖励组合模块 W 负责对业务奖励与运行开销进行组合。在每轮交互中,业务源 E 产生一定的业务并发送给服务器 S,接下来服务器 S 根据业务到达形成观测向量并发送给控制器 C,控制器 C 根据休眠算法选择休眠控制指令发还给服务器 S,服务器 S 进而根据指令对业务进行服务。业务源 E 产生一个标量信号描述服务质量的高低,而服务器 S 也会产生一个标量信号描述该轮运行开销。这两类标量信号在奖励组合模块 W 处被加权相加,并发送给控制器 C。根据上述描述,控制器 C 对应强化学习中的算法智能体,而业务源 E、服务器 S 和奖励组合模块 W 共同对应环境。

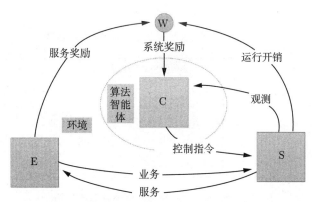

图 4.1　基站休眠问题与强化学习的对应关系
控制器 C 对应算法智能体,业务源 E、服务器 S 和奖励组合模块 W 共同对应环境

4.2.3　整体框架

综合上面的分析,本节提出一个数据驱动的超蜂窝网络休眠控制框架。该框架基于深度学习模型辅助进行接入控制中的信道估计和短时休眠

决策, 其运行方式如图 4.2 所示。用户首先与控制基站通信, 通过传统信道估计方法获得高维信道观测。控制基站处的深度学习业务基站信道预测模型进而根据控制基站处的信道观测预测各业务基站信道, 并对各用户给出具体的业务基站接入方案, 没有用户接入的业务基站则进行长时休眠。控制基站处的业务基站信道预测模型基于有监督学习的方式训练, 在离线阶段通过传统的信道估计方式收集全局信道信息进行训练, 在线预测阶段只需要控制基站处的信道信息就可以预测业务基站处的信道质量。未进行长时休眠的业务基站对用户进行服务, 并在服务过程中获得流量特性观测和用户反馈的奖励信号。业务基站基于上述信息利用深度强化学习训练短时休眠控制模型, 通过与用户的不断在线交互学习最优的休眠控制策略。

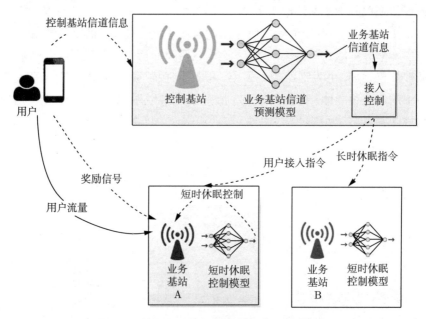

图 4.2　数据驱动的超蜂窝网络休眠控制框架

4.3　信道预测与休眠控制算法设计

本章提出的数据驱动休眠控制框架中包含两个深度学习模型: 业务基站信道预测模型与短时休眠控制模型。信道预测模型的输入为用户与控制基站的高维信道观测, 输出为各业务基站的信道状态指标量。短时休眠控制模型的输入为用户过往流量和业务基站排队状态时间序列，输出为最优的短时休眠控制指令。在本节中将详细介绍两个模型的原理、训练方法和使用方法，首先介绍名为信道学习的有监督跨小区信道预测模型，然后介绍名为DeepNap的深度强化学习短时休眠控制模型。

4.3.1　信道学习：基于有监督深度学习的跨小区信道预测

本部分介绍基于控制基站处信道状态观测跨小区预测业务基站信道状态的算法。首先给出跨小区信道预测的原理，然而给出控制基站信道观测预处理手段，最后介绍基于有监督学习的深度学习预测模型的训练和使用方法。

4.3.1.1　跨小区信道预测原理

跨小区的信道预测本质上是通过可见信道信息来预测不可见信道信息的过程。下面给出一个基于隐式地理位置信息估计的原理解释，并利用仿真做经验性验证。

考虑一个单天线用户通信设备与一个天线集合 $\mathbb{A}$，其中一部分天线 $\mathbb{O} \subset \mathbb{A}$ 到用户天线的信道已知，构成可见天线集合；其余天线 $\mathbb{U} \subset \mathbb{A}$ 到用户天线的信道未知，构成不可见天线集合。用户天线到可观测天线集合 $\mathbb{O}$ 的信道向量记为 $\boldsymbol{h}_o$，到不可观测天线集合 $\mathbb{U}$ 的信道向量记为 $\boldsymbol{h}_u$，并在不可见信道向量上定义一个性能指标函数 $m = m(\boldsymbol{h}_u)$。基于上述符号，跨小区信道预测实际上是希望获得一个由可见信道到不可见信道性能指标的映射：

$$f: \mathbb{C}^{|\mathbb{O}1|} \to \mathbb{M}$$
$$\boldsymbol{h}_o \mapsto \boldsymbol{m}$$

(4-1)

其中，$\mathbb{C}$ 是复数集合，$|\cdot|$ 表示集合的势，$\mathbb{M}$ 是 $m(\cdot)$ 的上域。

一般来说，只要映射函数 f 存在，就可以使用有监督机器学习算法从数据中近似该函数。在最一般的情形下无法保证函数 f 的存在性，举例来说，考虑在只有直射径的理想传播环境中的两个用户，可见基站采用均匀线性天线阵列且两用户处于该阵列两侧的对称位置，不可见基站天线则处于两用户不对称的其他任意位置，易知两用户与可见天线间的信道响应相同，而与不可见天线间的信道响应则不同，也就是说同一个可见信道响应取值对应两个不同的不可见信道响应取值，因此函数 f 不存在。

但在实际移动网络中，函数 f 可能在一定范围内存在，这一方面是由于多扇区基站配置的存在使得用户一般不可能处于天线阵的对称位置，另一方面也由于物理传播环境中随机散布的散射体很难构成绝对对称的位置。因此，本节提出下面的定理来具体说明函数 f 存在的一个具有实际意义的充分条件。

定理 4　定义用户的地理位置坐标为 $\boldsymbol{x}$，如果用户与基站天线间的信道响应是用户地理位置坐标的函数，即 $\boldsymbol{h}_o = g_o(\boldsymbol{x})$，$\boldsymbol{h}_u = g_u(\boldsymbol{x})$，并且其中用户地理位置坐标到可见信道响应的函数 $g_o(\cdot)$ 可逆，则存在如式 (4-1) 中定义的映射函数 f。

证明　记 $g_o(\cdot)$ 的逆函数为 $g_o^{-1}(\cdot)$。利用该逆函数可以从可见信道计算用户地理位置坐标，即 $\boldsymbol{x} = g_o^{-1}(\boldsymbol{h}_o)$，并进而计算出不可见信道 $\boldsymbol{h}_u = (g_u \cdot g_o^{-1})(\boldsymbol{h}_o)$，从得到不可见信道的性能指标为 $\boldsymbol{m} = (\boldsymbol{m} \cdot g_u \cdot g_o^{-1})(\boldsymbol{h}_o) = f(\boldsymbol{h}_o)$。　　　　　　　　　　　　　　　　□

注意到上述定理中提出了两个假设：① 用户地理位置坐标能唯一地确定信道响应；② 用户地理位置坐标到可见信道的函数 $g_o(\cdot)$ 具有可逆性。下面结合经验分析和仿真讨论上述两个假设的实际性。

讨论 1　用户地理位置能否唯一确定信道响应

无线衰落信道中的信道响应一般可看作由三种成分组成：路径损耗、大尺度衰落和小尺度衰落。路径损耗由电磁波随传播距离增加而弥散产生，而大尺度衰落与大尺度的障碍物遮挡有关，因此这两种成分均与用户和基站天线的相对地理位置有直接的关联。小尺度衰落的主要来源是环境中散布的散射体造成的多径传播分量的相干叠加，只要用户、基站天线和散射体之间的相对位置不变，小尺度衰落的主要成分应该维持不变。此外，在散射体也可能移动的情况下，只要移动散射体贡献的能量较小，小尺度衰落的时间平均值依旧在很大程度上取决于用户的地理位置①。注意，用户低速移动造成的小尺度衰落时变主要是由于用户的地理位置变化，不影响地理位置对于信道响应的决定性作用。

讨论 2　用户地理位置到可见信道函数是否可逆

已有研究表明，在富散射环境中不同地理位置用户到大规模多天线系

---

① 散射体贡献的多径分量能量小可能是由于反射、散射或衍射时能量衰减较大，也有可能是由于观测天线的方向性强且在多径分量到达方向上波瓣小。

统的信道响应是渐近正交的（asympototic orthogonal）[85]。根据此结论，当可见基站天线是大规模多天线系统时，不同地理位置用户的可见信道响应是不同的，因此用户地理位置坐标到可见信道的映射 $g_o(\cdot)$ 是一一映射，从而也是可逆映射。需注意即使在有限天线数的情况下同样可以通过仿真观察到映射 $g_o(\cdot)$ 的可逆性。图 4.3 展示了使用基于几何的随机信道模型（geometry-based strochastic channeml modale, GSCM）[86] 生成的一个数值例子。仿真中在半径 700 m 的半圆形区域圆心处放置均匀线性天线阵作为可见基站天线，然后在该区域中随机放置两个用户和 20 个散射体，最后计算两用户到可见天线阵列的信道响应。图中用两个信道响应向量之间的欧氏距离表达信道距离，绘出两用户可见信道距离与地理位置距离之间的关系图。可以从图中看到随着用户间地理距离的增加，信道距离一直受限在两根从原点出发的射线区域内，当两用户的信道距离无限接近时，地理位置距离也无限接近，因此可知 $g_o(\cdot)$ 是可逆的。

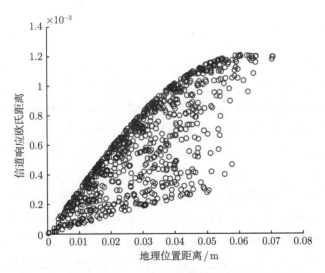

图 4.3　不同用户地理距离与信道响应的欧氏距离的关系
均匀线性阵列，100 天线单元，10 散射体，莱斯因子 $K = 10$ dB

4.3.1.2　模型训练与预测

本节基于上述跨小区信道预测原理提出的信道学习算法，将控制基站天线阵列看作可见信道并用其预测不可见业务基站信道的性能指标量，辅助进行业务基站的选择。算法采用一个人工神经网络来拟合可见信道到不可见信道性能指标的函数映射 f，针对无线信道响应特性提出数据预处理方法，将信道响应高斯化后输入神经网络，输出为业务基站的选择概率。

（1）**输入预处理**：控制基站天线阵列接收到的原始信号为空间域信号采样，为了辅助神经网络训练，本节提出下述预处理步骤对原始信号稀疏高斯化。

（a）**角度域转换**：典型无线传播环境一般在角度域上具有较强的稀疏性，对应的原始空间域信号具有很强的全局相关性，不利于神经网络的学习。因此考虑将信号变换到角度域再进行处理。因为控制基站处采用均匀线性天线阵列，由经典信号处理理论可知，利用傅里叶变换即可将原始阵列响应变换为角度域响应。

（b）**非线性量化**：由于路径损耗的影响，不同地理位置用户信道响应的动态范围很大，可以相差数个数量级。而本节采用的神经网络激活函数是 sigmoid 单元，当输入值过大或过小时容易造成饱和。此外，信道响应信号的幅度统计分布歪斜度高，不利于学习。为了将角度域信道响应信号高斯化，首先对角度域幅度响应取对数并舍弃相位响应，然后使用 Lloyds 算法对角度域幅度响应进行非线性量化，量化后再对码本标号进行零均值单位方差正规化，作为神经网络的输入向量。

（2）**输出编码**：针对超蜂窝网络中的业务基站选择问题，信道学习算法希望神经网络输出信道幅度最大的业务基站标号。因此将业务基站选择问题建模为一个多分类问题，神经网络对应每个业务基站有一个输出，采用 sigmoid 输出单元，输出值意义为选择对应业务基站的概率。据此，在预测阶段可以选取输出值最高的输出单元对应的业务基站，而在训练阶段可采用 0-1 编码法（one-hot encoding）编码训练集数据，最优业务基站输出口对应项取值 1，其他项取值 0。

（3）**训练与预测**：本节采用单隐藏层神经网络进行学习，并利用有监督学习方式基于误差反向传播（back propagation）算法训练，训练过程中使用的损失函数为

$$L(\boldsymbol{\theta}) = \mathbb{E}\left\{-\left[y_n \log_2 \hat{y}_n + (1-y_n)\log_2(1-\hat{y}_n)\right]\right\} + \frac{\Lambda|\boldsymbol{\theta}|^2}{2} \tag{4-2}$$

其中，θ 为神经网络参数向量，y_n、$\hat{y}_n$ 分别为样本输出和神经网络在当前参数下的输出。损失函数由两部分组成。第一部分是当前神经网络输出和期望得到的训练输出之间的平均 Kullback 交叉熵。Kullback 交叉熵形式的损失函数天然适用于输出为概率分布的神经网络，同时相对于均方误差等其他损失函数也能提供更好的局部最优点[87]。第二部分是正则化项以避免过拟合，$\Lambda \geqslant 0$ 则是正则化系数。

离线训练阶段采用有监督方式训练，在基站活跃时通过基于导频的信道估计手段获得训练样本，通过预处理和输出编码获取输入-输出数据对，利用误差反向传播算法来得到损失函数关于神经网络参数的梯度，并采用共轭梯度下降法来最小化损失函数。在线预测阶段用训练好的模型信道对不可见信道性能指标进行预测，选择输出值最大的输出口对应的业务基站。

4.3.2　DeepNap：基于深度强化学习的短时休眠控制

本节介绍DeepNap基于深度强化学习的数据驱动业务小区短时休眠控制算法。首先介绍深度强化学习的深度 Q 网络算法和本节针对业务小区休眠场景对其进行的改进，然后介绍基于间歇泊松过程和 Dyna 框架的环境估计与模拟，最后给出整体算法流程。

4.3.2.1　深度 Q 网络及其改进

DeepNap 采用深度强化学习中的深度 Q 网络进行休眠策略的学习与实施，网络输入为过往用户业务到达和排队数量的时间序列，输出为在下一时刻采取休眠或唤醒操作的长期收益预估。

深度 Q 网络算法是 Q 学习算法[88]与深度神经网络的结合。Q 学习算法是一种无环境模型的强化学习算法。该算法借助基于采样的值迭代对动作价值函数进行估计

$$Q^{*(i+1)}(s,a) = r + \gamma \max_{s'} Q^{*(i)}(s',a') \tag{4-3}$$

其中，s 是当前状态，a 是采取的动作，r 是标量奖励，s' 是下一时刻状态。此处动作价值函数代表了在当前系统状态下采取某一种动作所带来长期收益的期望。Q 学习算法在一些条件下可以保证收敛到最优的动作价值函数。当成功估计最优动作价值函数 $Q^*(s,a)$ 后，最优策略可以简单地表

达为贪心动作选择机制

$$\pi^*(s) = \arg\max_a Q^*(s, a) \tag{4-4}$$

Q 学习算法的收敛性要求分别存储各状态-动作对的价值函数值，并要求所有状态-动作对均被更新足够多次。但是这种逐点的动作价值函数表达和估计方法在处理高维问题时可能会带来维度灾难，造成采样的稀疏和收敛的缓慢。解决该问题的一种常用方案是使用参数化的函数对动作价值函数进行拟合：$Q(s, a; \boldsymbol{\theta}) \approx Q^*(s, a)$。深度 Q 网络（DQN）[63-64] 就应用了深度神经网络作为拟合函数。深度 Q 网络可以利用基于梯度的优化方法，通过最小化均方时间差分（temporal difference）误差的优化目标进行训练。这里均方时间差分误差为

$$L(\boldsymbol{\theta}^{(i)}) = \mathbb{E}\left\{[y^{(i)} - Q(s, a; \boldsymbol{\theta}^{(i)})]^2\right\} \tag{4-5}$$

其中，

$$y^{(i)} = \mathbb{E}\left\{r + \gamma \max_{a'} Q(s', a'; \boldsymbol{\theta}^{(i-1)})|s, a\right\} \tag{4-6}$$

是时间差分目标。时间差分误差的意义是动作价值函数的直接估计和一步递归前推估计的差距，动作价值函数收敛时差距应为零。

原始的深度 Q 网络训练算法综合使用了三种机制来保证训练过程的稳定性：① 使用另一个网络来产生时间差分目标中的动作价值函数值，该网络参数缓慢跟随主网络变化。该方法可以有效避免因为损失函数中当前与下一步动作价值函数耦合产生的振荡发散效应。② 使用一个回放缓存（replay memory）存储一定时间内的过往经历，每次训练时从该缓存中进行随机采样。这种机制实际上是通过自助抽样法（bootstrapping）来近似真实的环境分布。③ 标量奖励被剪切限制在 −1 到 +1 的取值范围内。

上面三种机制提出时主要面向 Atari 视频游戏环境，然而当输入为移动网络的流量时会出现一定的问题，导致算法不收敛或收敛慢。为了在业务基站的短时休眠控制中应用深度 Q 网络，本节提出如下两点改进。

（1）动作平衡的经历回放

原始深度 Q 网络的经历回放算法在非平稳环境中存在一些问题。如图 4.4 所示，图 4.4(a) 给出了在 1 min 时间窗内平均后的用户请求到达数变化曲线，用户业务到达量具有明显的非平稳性，在不同时间段具有明显

不同的业务量。图 4.4(b) 给出了深度 Q 网络回放缓存中过往经历根据动作不同的概率分布，可见随着业务量在高峰与低谷之间变化，缓存中的经历分布也在唤醒经历主导和睡眠经历主导两种模式之间振荡。考虑到深度 Q 网络的损失函数式 (4-5) 对每个数据样本仅更新其动作所对应的一个输出端，可知在某种动作的样本占主导的训练时间中，上述损失函数基本不会更新另一个输出端，因此未被更新输出端的取值有可能会因为两个输出端的参数耦合而发生漂移。事实上在图中可以清晰地看到这种现象，在示例初始阶段，回放缓存由具有唤醒动作的经历样本所主导，网络训练算法在训练唤醒动作所对应的 Q 值同时，也因为输出耦合将睡眠动作所对应的输出取值挤压到了 -1 附近。该局面直到约 16:00 点时才被打破，随着随机采样改善缓存中的样本动作分布，休眠动作所对应的端口输出开始被缓慢更新，其取值也逐渐变化到预期的 0 附近。然而样本分布在 23:00 点附近又一次恶化，同时休眠策略对应的 Q 值又一次因为耦合效应被挤压到了 -1 附近。

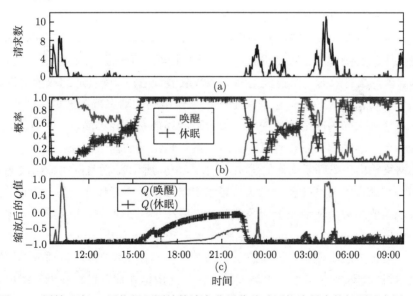

图 4.4　原始深度 Q 网络经历回放算法在非平稳移动网络流量中的问题示意图

取值在 1 min 的时间窗内进行平滑

针对上述问题，本节提出动作平衡的经历回放。该方法的主要目的是通过一种回放缓存的启发式更新和采样策略，为网络更新所用样本维持一个合理的动作分布，以避免未更新输出端口的漂移问题。具体来讲，为每个可能的动作单独预留一个回放缓存（即动作缓存），进行缓存更新时，每个样本只能进入与其动作相对应的动作缓存中；在对缓存中的样本进行采样时，等概率到各动作缓存采样，并在选取的动作缓存内部进行均匀采样。很明显，上述的缓存更新和采样方法可以保证训练样本维持一定的动作分布，可以有效避免输出漂移问题。更一般地，上述启发策略是对来自非平稳过程不同阶段（regime）的样本进行分别存储，并在训练时保证来自各阶段的样本采样概率非零，如此的训练过程可以避免网络过度拟合来自某一阶段的样本。

（2）自适应奖励缩放

移动网络的业务量具有很大的变化动态范围，高峰和低谷期的流量可能相差一到两个数量级，因此与业务量相关的奖励取值也会有很大的变化范围。然而，原始深度 Q 网络的训练算法为了避免输出层的饱和，将所有奖励取值剪切在 -1 到 $+1$ 之间，因此如果奖励取值动态范围超过剪切范围，包含在剪切范围外的信息量就丢失了。

为了解决上述问题，奖励缩放是一种比较直观的方法。该方法将损失函数中的奖励项缩小固定倍数，动作价值函数取值也会相应地缩小同样倍数。该方法有效的一个前提是缩放系数取值合适，一个合适的取值可以将动作价值函数有效取值空间限定在网络输出层的动态范围之内①。然而，针对一个未知的应用场景选取一个合适的缩放系数并不简单。一方面，选择一个过小的缩放系数有可能会造成网络输出层的输出饱和，致使不能根据网络输出正确判断动作的优劣（如图 4.5(c) 所示）。而且网络输出层的饱和将导致训练时回传梯度消失，导致学习过程变慢或停止。另一方面，过大地缩放系数会使动作价值函数取值过度缩小，在训练损失函数中产生一个虚假的局部极小点，也导致训练的非正常终止（如图 4.5(a) 所示）。

为了能够将搜索合适缩放系数的过程自动化，本节提出自适应的奖励缩放机制，该机制采用基于梯度的方法自适应地在训练过程中调整缩放系数。具体来说，首先将深度 Q 网络的训练损失函数调整为

$$L'(\boldsymbol{\theta}^{(i)}) = \mathbb{E}\left\{\left[y'^{(i)} - Q(s,a;\boldsymbol{\theta}^{(i)})\right]^2 + U(Q(s,a;\boldsymbol{\theta}^{(i)}))\right\} \tag{4-7}$$

---

① 需指出的是，就算动作价值函数的取值在某些情况下超出了输出层的动态范围，只要不同动作输出值还能够正确区分相对大小，那么就不会对最终策略产生实质影响。

其中，$y'^{(i)} = \dfrac{r}{\Pi^{(i)}} + \gamma \max_{a'} Q(s', a'; \boldsymbol{\theta}^{(i)-})$ 是采用缩放系数 $\Pi^{(i)} > 0$ 时在迭代轮次 i 的时间差分目标

$$U(Q) = \frac{\epsilon}{(Q - 1 - \Delta)^2} + \frac{\epsilon}{(Q + 1 + \Delta)^2} \tag{4-8}$$

是一个 U 形的惩罚函数，ϵ 是保证该惩罚函数在非饱和区域内取值可忽略的小量，而 Δ 是一个限制惩罚函数在饱和区取值上限的小值正数。整个缩放系数搜索过程起始时，选取一个比较小的缩放系数，如 $\Pi^{(0)} = 1$。每 U_{network} 次网络参数 $\boldsymbol{\theta}$ 更新后，通过基于梯度的方法更新一次 $\Pi^{(i)}$ 以减小训练损失函数式 (4-7)。在该过程中，U 形惩罚函数的作用是通过对饱和区施加较大的惩罚将网络输出取值推离饱和区，保证训练梯度不会消失。在每轮搜索过程中，如果缩放后的动作价值函数取值超出网络输出动态范围，那么损失函数会因为网络输出接近饱和而取值较大，因此通过增大缩放系数可以减小损失函数。上述过程会逐步增加缩放系数，直到缩放后的动作价值函数取值与网络输出动态范围相当。

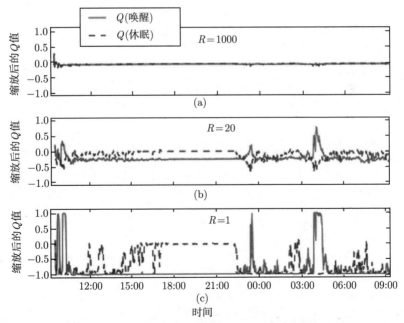

图 4.5　奖励缩放系数分别固定为 $\Pi = 1, 20, 1000$ 时唤醒和休眠动作对应的动作价值函数 Q 取值

取值在 1 min 的时间窗内进行平滑

4.3.2.2 环境模型的估计与模拟

本节提出基于间歇泊松过程（IPP）进行环境模型估计，并基于 Dyna 框架进行环境模拟。上述两种机制的优势在于基于自适应流量模型估计的环境模型可以有效地结合领域知识从网络数据中提取特征以改善端到端深度强化学习的学习效果；而估计获得的环境模型可以用来生成模拟数据，同真实经历数据一起供强化学习算法使用，通过提高数据量加速学习过程。

IPP 模型[89]是一个具有两个隐状态的泊松发射隐马尔可夫模型。其中一个状态（不失一般性地定义为 s_0）的发射率为 0。IPP 模型可以被用来建模具有突发性的业务源[81]。假设一个 IPP 模型的状态转移概率分别为 P_{10} 和 P_{01}，状态 s_1 的发射率为 λ_o，那么可以利用该模型的马尔可夫性进行一步前向预测并获得下一个状态的置信值：

$$\Pr\{s^{(t)} = s_1\} = (1 - P_{10}) \Pr\{s^{(t-1)} = s_1\} + P_{01} \Pr\{s^{(t-1)} = s_0\} \qquad (4\text{-}9)$$

IPP 模型参数的估计可以使用 Baum-Welch 算法[90]。该算法首先取一段观测序列 $O = \{o_1, o_2, \cdots, o_T\}$，并基于该观测序列和现有模型参数，利用前向–后向（forward-backward）算法计算下述充分统计量

$$\Xi_{ij}(t) = \Pr\{s^{(t)} = i, s^{(t+1)} = j \mid O\} \qquad (4\text{-}10\text{a})$$

$$\Gamma_i(t) = \Pr\{s^{(t)} = i \mid O\} \qquad (4\text{-}10\text{b})$$

$$\Upsilon(t) = o_t \Pr\{s^{(t)} = s_1 \mid O\} \qquad (4\text{-}10\text{c})$$

进而可以利用上述充分统计量来计算一组新的最大似然模型参数

$$\Pr\{s^{(1)} = i\} = \Gamma_i(1) \qquad (4\text{-}11\text{a})$$

$$P_{ij} = \frac{\displaystyle\sum_{t=1}^{T-1} \Xi_{ij}(t)}{\displaystyle\sum_{t=1}^{T-1} \Gamma_i(t)} \qquad (4\text{-}11\text{b})$$

$$\lambda_o = \frac{\displaystyle\sum_{t=1}^{T} \Upsilon(t)}{\displaystyle\sum_{t=1}^{T} \Gamma_1(t)} \qquad (4\text{-}11\text{c})$$

原始的 Baum-Welch 算法针对一批离线数据估计一个固定模型的参数。为了在非平稳流量下自适应地调整模型，本节使用一个 Baum-Welch 算法的在线变种。具体来讲每隔 U_{model} 步利用最近的长度为 L_b 的短时间窗内的观测进行一次参数估计，每一次估计使用上一次估计参数的结果作为起始参数，并仅进行 3 次迭代以避免过度拟合短时间窗内的数据。

通过 IPP 模型可以建模业务到达的不确定性，还需要基于业务到达构建系统状态和奖励函数。具体来讲，环境模型的系统状态包括 IPP 状态的置信向量、当前和前一时刻的系统队列长度，以及上一个时刻的系统动作（唤醒或休眠）。并且环境模型中采取如下确定性的奖励函数来表示对尽早服务已到达业务和在低业务量时段休眠的偏好。在每个时刻，业务源 E 为每个在该时刻被服务的请求给出 $+R_s$ 点奖励，为每个已发出但尚未被服务的请求发出 $-R_q$ 点惩罚，为每个因超时等原因不能被服务的请求发出 $-R_f$ 点惩罚。与此同时，如果服务器 S 的当前休眠状态为被唤醒则发送 $-C_o$ 点运行代价，而如果其当前休眠状态不同于上一时刻则额外发送 $-C_w$ 点切换代价。系统的总体奖励是上述奖惩值的加权和：

$$r^i = w(R_s - R_q - R_f) - (1 - w)(C_o + C_w \cdot \mathbf{1}\{a^{i-1}! = a^i\})$$

上面描述的环境模型可以根据状态的转移计算相应的奖励值①。

进一步，本节提出利用 Dyna 框架 [91] 将上述模型用于加速网络训练。Dyna 是一套有机结合无环境模型强化学习算法与基于模型的规划的框架。本书采用其名为DynaQ的变种 [92] 来整合上面提出的环境模型和无模型的深度 Q 网络算法。具体来讲，在每一次网络训练迭代中基于学习到的环境模型产生一些虚拟的经历（状态转移、动作及相应的奖励值）并同当前时刻获得的真实经历一起放入回放缓存中；在训练阶段，无区分地对回放缓存中的真实与虚拟经历进行采样并用于网络的训练。

4.3.2.3　整体算法流程

综上，DeepNap算法的整体流程如算法 1 所示。基于各时刻的流量观测算法对环境模型中的 IPP 模型参数进行周期性估计更新，并利用估计所得的环境模型对观测进行滤波得到系统状态，然后将其存入回放缓存中。算

---

① 精确来讲，因为环境模型中没有包含请求的超时时限，因此在计算中忽略因为请求超时带来的惩罚部分。

算法 1　　DeepNap 休眠算法伪代码
1　执行初始化;
2　**重复执行**
3　　　将观测 o 放入缓存窗 $\mathcal{B}$;
4　　　根据环境模型推断系统状态 s;
5　　　根据 ϵ-贪婪策略选取动作 a,并将动作 a 送入网络仿真器并获得奖励 r 和下
一个观测 o';
6　　　**每 U_{model} 步执行**:根据当前缓存窗 $\mathcal{B}$ 拟合流量 IPP 模型;
7　　　缓存观测 s' 并生成拼接观测 $o^{e'}$;
8　　　产生 N_{Dyna} 个虚拟经历 $(\hat{o^e}, \hat{a}, \hat{r}, \hat{o^{e'}})$;
9　　　将真实和虚拟经历 $(o^e, a, r, o^{e'})$ 放入对应的动作缓存 $\mathcal{M}_a$;
10　　**从 1 到 N_{Dyna} 执行**:
11　　　　**每 U_{network} 步执行**:
12　　　　　　从动作缓存中随机等概率采样并更新网络参数 θ;
13　　　　　**每 U_{target} 步执行**:同步目标网络参数;
14　　　　　**每 U_{scale} 步执行**:更新缩放系数 Π;
15　　　　循环结束
16　　循环结束
17　　$s \leftarrow s',\ o^e \leftarrow o^{e'}$
18　**终止条件**:实验结束 ();

法中使用的深度 Q 网络采用一个前向多层人工神经网络,网络权重的初始化使用 Glorot 初始化方法 [93]。算法周期性地从动作平衡的回放缓存中获得过往经历并用于网络训练,在一个更长的周期中对目标 Q 网络的参数进行同步。此外,算法也会周期性地利用前述自适应奖励缩放算法更新奖励缩放权重 $\Pi^{(i)}$。在原始的深度 Q 网络训练算法中,过去一段长度为 L_e 的时间窗内的观测被拼接为一个扩展观测向量 $o_t^e = (a_{t-P}, s_{t-P+1}, a_{t-P+1}, \cdots, s_t)$ 并用作网络输入,本节实现的 DeepNap 算法也支持上述观测拼接方法,但是当使用环境模型滤波得到的系统状态作为网络输入时,固定时间窗长度为 $L_e = 1$。

　　相比已有的基于理论模型的工作,本节提出的DeepNap算法对模型依赖性更弱,因此适用性更强:一方面端到端的深度 Q 网络可以在没有模型假设的前提下学习休眠策略,另一方面利用模型辅助产生置信状态和模拟数据的变种可以自适应地从数据中估计模型参数，比需要假设一个固定理论模型的方法更灵活。

强化学习算法在基站休眠算法之外，也被广泛地应用于认知无线电系统的研究。针对这类系统，包括节点休眠、媒介接入、资源管理和路由等操作都已被建模为强化学习问题并进行求解 [94-96]。在这些已有工作中，最常见的是基于表格的 Q 学习算法。因为维度灾难问题，已有工作往往需要对高维和（或）连续的状态进行激进的量化。相比之下，本节提出的DeepNap算法在深度 Q 网络的帮助下可以直接使用高维和连续的状态向量。在这方面，同DeepNap最相似的是 Galindo 等人提出的算法 [97]，该算法使用人工神经网络来对动作价值函数进行近似，然而DeepNap针对无线流量设计的动作平衡的经历回放和自适应的奖励缩放等重要元素则没有被使用。

深度 Q 网络是深度强化学习的典型算法，已经被应用在多个不同的领域内，如视频游戏 [63-64]、围棋 [65] 和自然语言理解 [66]。本节提出的DeepNap算法将深度 Q 网络的应用扩展到了无线网络的休眠控制任务中。除了应用层面的创新，本节还在深度 Q 网络的基础上针对非平稳环境提出了两项新的训练方法：动作平衡的经历回放和自适应的奖励缩放。虽然已有工作也尝试对深度 Q 网络进行改进，例如有优先级的经历回放 [98] 试图通过非均匀的经历缓存采样法加速学习，但是已有工作没有针对非平稳流量做特殊设计。

4.4　实验与仿真结果

本节分别对上文中提出的超蜂窝网络业务基站跨小区信道预测算法（信道学习）和业务基站短时休眠算法（DeepNap）进行测试。其中信道学习算法采用信道仿真器产生的数据进行测试，DeepNap 算法采用基于实测流量数据的网络模拟器进行测试。

4.4.1　跨小区信道预测算法

本节测试超蜂窝网络跨小区业务基站信道预测算法的性能，相关代码与数据可在下述网址下载：https://github.com/zaxliu/channel-learning/。

仿真中采用基于几何的随机信道模型（geometry-based stochastic channeel model, GSCM) [86] 来生成可见及不可见衰落信道响应数据。GSCM 是一种简化的射线追踪（ray tracing）信道仿真算法，通过仿真多散射体多径分量的相干叠加来产生信道响应。为了简便起见，仿真中只考虑直射径和单次散射径，并对直射径和散射径采用固定能量比例（即莱斯因子）进行归一化。每条多径分量的幅度衰减正比于传播路径长度，相位变化正比于路径长度，而散射径因为散射体缘故还添加了 $[0, 2\pi)$ 的随机相移。

整体仿真场景如图 4.6 所示，整个网络包含 1 个控制基站和 5 个业务基站。控制基站覆盖范围为半径 700 m 的半圆形区域。散射体和用户随机分布于所考虑的半圆形区域。控制基站位于圆心，配备均匀线性天线阵并沿 x 轴方向放置；5 个单天线业务基站规则布置在半圆形区域中。每次仿真先在半圆形区域内均匀随机散布一定数量的散射体，然而再随机均匀产生用户位置并按照 GSCM 模型计算每个用户到达控制基站天线阵列与业务基站的信道响应。仿真中莱斯因子设为 10 dB，中心频率为 2.156 GHz，且假设基于导频的信道估计工作在高信噪比条件下，估计误差可以忽略。仿真中随机均匀撒布 2000 个用户并随机平分为训练集和测试集。预测准确率定义为测试集中对最优业务基站做出正确预测的比例。

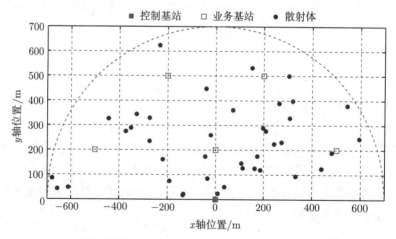

图 4.6　采用基于几何的随机信道模型进行信道仿真的场景示意图

图 4.7 显示了信道学习算法预测准确率与控制基站天线阵列单元数目、散射体数目的关系。可以看到随着控制基站天线数的增多预测准确率有小幅上升。这是由于天线阵列的角度域分辨率随天线数增多而增强，因

此信道观测中信息量变得更大。此外，随着散射体数目的增多散射环境变得更为复杂，函数 $f(\cdot)$ 变得更难以拟合，因此预测准确率有所下降。

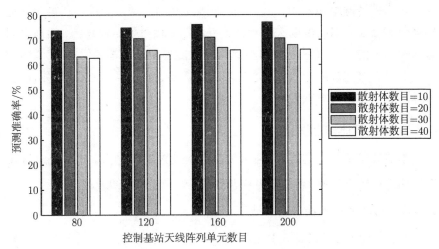

图 4.7　预测准确率与控制基站天线阵列单元数目、散射体数目的关系

图 4.8 对信道学习算法和其他预测方法进行了比较。可以看到最简单的随机选择基准算法预测准确率为 20%。传统的机器学习方法 K-近邻算法（K-nearest neighbor，KNN）选取与待预测样本信道距离最近的 K 个训练样本做众数判决，可以将预测准确率提高到 50%。参数 K 取不同值时

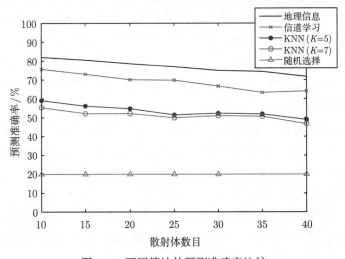

图 4.8　不同算法的预测准确率比较

预测准确率有小幅波动。相比之下，本节提出的信道学习算法的预测准确率达到了 73%，优于前面两种方法。仿真中还测试了将准确用户地理位置信息作为神经网络输入的算法，该算法因为利用了现实中难以获得的精确地理位置信息，因此可以看作一种上界算法。相对于这种算法，信道学习算法引入了约 3.9% 的性能损失，这部分性能差距是由地理位置–信道函数不具有完美可逆性所导致。上述结果证明了信道学习算法对超蜂窝网络业务基站信道预测的有效性。

4.4.2　短时休眠控制算法

本节展示基于实测流量数据的DeepNap算法实验结果。相关代码与数据可在下述网址下载：https://github.com/zaxliu/deepnap。

4.4.2.1　网络模拟器和实验数据集

实验使用基于实测流量数据的DragonEye网络模拟器[99] 对DeepNap算法进行测试。实验中使用的数据集采集自一个大学校园无线局域网，采集时间自 2014 年 9 月至 2015 年 1 月。该数据集包含约 20 000 用户的HTTP流量详情。用户流量以会话为粒度进行记录，在每个会话内用户产生 HTTP 流量的间歇小于 5 min，如果间歇时间超过 5 min，后续流量将被归入后续会话中。每条记录包含了一个用户在该会话中的逐域名业务信息，并包含如下数据域：会话 ID 号、用户 ID 号、楼宇名称、会话开始时间（UNIX 格式）、会话持续时间（ms）、涉及的域名名称列表及相应的域名提供商、类别和每个域名涉及的HTTP请求数及字节数①。各数据域及其内容在表 4.1 中进行总结。

为了在DragonEye网络模拟器使用上述数据集，需要利用下述手段弥补数据集质量的不足。

（1）**小区覆盖范围假设**：　上述网络实测数据的地理位置精度只能到达楼宇粒度，而没有提供更细节的诸如接入点位置等信息。考虑到数据集中给出的楼宇物理间隔和常见移动网络小区半径相近，实验中假设在同一个楼宇中的所有用户被一个覆盖整个楼宇的无线小区所服务。

（2）**请求的发送时间和字节量分布**：　上述网络实测数据将HTTP请求的信息按用户会话进行了汇总统计，而隐藏了每个请求的具体发送时

---

① 为了保护用户隐私，数据集中没有提供更精细的地理位置信息。

间和字节量分布。因此在实验中做了如下的均匀分布细节假设，每个请求在所属会话持续时间内的每个时刻以等概率发生，且会话中每个域名下的数据量、每个字节按等概率属于该域名下的各个请求①。实际上，上述假设相当于字节–请求及请求–时刻的概率分布符合多项分布（multinomial distribution）。

表 4.1　实验中所用数据集的数据格式

数据域	内容	示例
uid	用户 ID 号	41117355
bldn	楼宇名称	Dining Hall 1
start	会话开始时间 (Unix 格式)	1409500812697
dur	会话持续时间 (ms)	295551
dmns	会话所涉及域名列表	[a.com, b.net]
prvdr	会话所涉及域名提供商	[Tencent, Apple]
types	会话所涉及域名种类	[Portal, Shopping]
bytes	每个域名传输的字节数	[8500, 341]
reqs	每个域名传输的HTTP请求数	[5, 1]

（3）**用户及网络状态机**：为了建模用户及网络数据平面对休眠控制策略的动态反应，本节还设计了用户侧和网络侧的仿真状态机。用户侧状态机指导用户发送请求，所有用户请求初始化为"待处理（pending）"状态并等待发送；如果某一个用户请求将在当前时刻被发送，则将其状态修改为"等待处理（waiting）"并发送该请求；如果该请求在当前时刻被服务，则状态修改为"已处理（served）"并且终止后续状态转移；如果该请求没有被立即服务，而是被放入队列中等待，则其状态维持为"等待处理"不变。进而，如果该请求在下一时刻将超时，则将状态修改为"处理失败（failed）"并且停止后续状态转移。网络侧的对应状态机为服务器 S 在每个时刻先将新到达的请求放入队列并等待控制器 C 的指令，如果指令是"服务（serve）"则服务所有请求；反之，如果指令是"排队（queue）"则保留当前队列供下一时刻处理。

①上述均匀分布假设也可以替换为其他发送时间和字节量分布。

4.4.2.2　参数设置

实验中使用如下参数：动作价值函数的奖励折扣系数（discount factor）为 0.9，随机探索概率为 0.02。深度 Q 网络在输入为系统状态时维度为 3，在输入为扩展观测向量时维度为 $(3+2)L_e$，输出维度为 2。网络包含两个隐藏层，每个隐藏层有 500 个采用 ReLU 激活函数的单元，输出层采用双曲正切（tanh）激活函数。损失函数中的 U-形饱和惩罚的权重及偏移因子分别为 $\epsilon = 10^{-5}$ 和 $\Delta = 10^{-2}$。网络参数更新采用小批量样本（mini-batch）Nestrov 惯性更新法，惯性系数为 0.9，批量为 100，步长为 10^{-2}。其他参数如表 4.2 所示。

表 4.2　实验参数及默认值

参数符号	默认值	描述
L_e	15	拼接观测向量长度
$|\mathcal{M}_a|$	200	每个动作缓存的大小
L_b	50	流量观测窗口缓存大小
Π_0	1.0	初始奖励缩放系数
N_{Dyna}	5	Dyna 机制每次模拟的样本量
U_{model}	2	流量模型更新间隔
U_{network}	4	梯度下降更新间隔
U_{target}	16	目标网络同步间隔
U_{scale}	32	奖励缩放调整间隔
R_s	1	服务奖励
R_q	1	时延代价
R_f	10	超时代价
C_o	5	基站开启代价
C_w	0.5	基站状态切换代价
w	0.5	奖励组合权重
	7 d	实验数据运行天数
	2 s	每个时刻长度

4.4.2.3　典型休眠模式

图 4.9 中展示了 DeepNap 算法在实验中学习到的典型休眠模式。图 4.9(a) 显示了在所示时间内的流量变化趋势，流量在长时间尺度按一定

的规律重复高峰和低谷，而在短时间尺度内则有很大的随机性。图 4.9(b)显示了在 1 min 时间内平均唤醒的时间比例，唤醒操作根据图 4.9(c) 所示的动作价值函数而定。如图 4.9(d) 所示，因为基站在低流量期休眠，相比无休眠情况基站获取奖励的速度更快（平均每步奖励）。

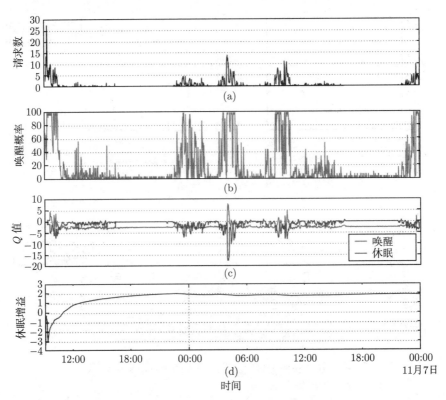

图 4.9　DeepNap 算法在实验中学习到的典型休眠模式（见文前彩图）

　　由图 4.9 可见，基站在高峰期基本一直开启，而在低谷期则基本不开启。在高峰和低谷期的中间时段，基站则唤醒和休眠交错进行。因为高峰期和低谷期的休眠情况符合直观，本节着重分析更复杂的第三种情况。图 4.10 展示了两个典型的 2 min 时间段内的休眠策略细节。在时间段 1 中业务间歇随机到达，算法所学习到的休眠模式可以粗略地概括为队列中积累的请求数达到 2 h 服务一次，这种休眠方法可以减小基站长期唤醒带来的能量开销。DeepNap算法还可以根据流量特性的变化动态地微调休眠策略。在时间段 2 内流量到达相比时间段 1 更剧烈（当然相比高峰期还是很轻微），相应基站的休眠策略中请求的排队减小，服务变得更加激进。这种变化更适应此时的流量特性，因为当流量强度更大时，排队带来的时延代价有可能超过休眠带来的能量节省。

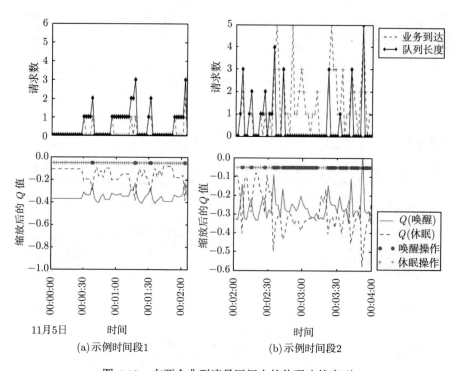

图 4.10　在两个典型流量区间内的休眠决策序列

4.4.2.4　算法性能对比

本部分对比多种不同休眠算法的休眠增益，结果总结在表 4.3 中。对比中涉及的算法如下：

（1）无休眠基准算法：无休眠控制一直开启；

（2）DQN 算法：使用扩展观测向量作为输入的改进 DQN；

（3）DQN-m 算法：使用未量化状态置信向量作为输入的改进 DQN；

（4）DQN-d 算法：使用未量化状态向量，并用模拟数据加速学习的改进 DQN；

（5）QL-d 算法：基于表格法的 Q 学习算法，使用量化后的状态置信向量和模拟数据。

将各算法在 10 次实验内最后 6 天的数据上获得的平均单步奖励作为性能指标，为方便对比将各休眠算法的平均单步奖励减去基准休眠算法奖励，获得相对休眠增益。

表 4.3 　无休眠基准算法的时间平均单步奖励和休眠算法同基准的相对休眠增益

算法	地点代码					
	dh3	dsy	dmW	mhC	mdB	gym
时间平均单步奖励						
无休眠基准算法	−3.96	+2.49	−4.71	−4.28	−2.91	−4.42
相对基准算法的休眠增益						
QL-d 算法	3.280	1.384	3.678	3.014	2.695	3.420
DQN-m 算法	3.443	1.616	3.898	3.228	2.673	3.578
DQN-d 算法	**3.490**	1.879	**3.912**	**3.242**	**2.875**	**3.617**
DQN 算法	3.481	**1.903**	3.880	3.238	2.863	3.600

注：各算法在 6 个楼宇处进行测试，QL-d 算法对业务状态置信向量采用 5 级量化。

由表 4.3 可见，使用了深度强化学习的休眠算法（DQN 算法，DQN-m 算法，DQN-d 算法）在各项实验中表现一致优于基于表格的 Q 学习算法（QL-d 算法）。注意 DQN-d 算法和 QL-d 算法的唯一区别就是是否使用了深度强化学习，这证明了深度强化学习休眠算法的优越性。因为机器学习算法常见的维度灾难问题，基于表格的方法一般在更小的状态空间中收敛更快，例如图 4.11 中 QL-d 算法的性能随量化粒度变大而提高。但是随着量化粒度的提高，不可避免地会带来一定量的信息损失，限制算法性能的进一步提升。相比之下，基于深度 Q 网络的算法（DQN-m 算法和 DQN-d 算法）可以用未量化的状态向量作为输入，避免了量化造成的信息损失。

在基于深度强化学习的算法中，可以看到基于流量模型和模拟数据的 DQN-d 算法的性能在所有 6 个地点中的 5 个中都略微好于使用扩展观测向量的 DQN 算法。上述性能提升的来源可能有两方面：流量模型带来的领域知识和模拟数据对学习的加速。如图 4.12 所示，模拟经验带来的数据量增加确实可以提升算法性能。模拟数据对于算法性能的提升不是无条件的，模拟数据的有效性依赖于环境模型的精确性。图 4.13 展示了实验中从真实数据拟合得到的环境模型的性能。图 4.13(a) 显示了 IPP 模型的发射率与业务流量紧密贴合。图 4.13(b) 显示 IPP 模型可以在高峰期和低谷期自然退化到泊松过程，其中在高峰期因为状态转移概率为 0，因此实际有效的状态只有一个，在低谷期两状态发射率均为 0。图 4.13(c) 比较了实测和期望的每步数据似然值，该值可作为估计到的模型的有效性度量。从图中可见，实测和期望似然值曲线基本贴合，证明了 IPP 模型对于本实验中所用流量数据的有效性。然而对比未使用模拟数据的 DQN-m 算法和 DQN 算法，可知领域知识在大多数场景中实际上带来了轻微的性能损失，因此主要的性能提升应该来源于模拟数据对学习过程的加速。

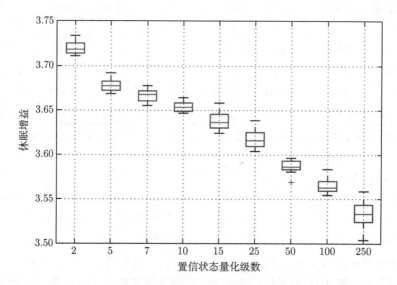

图 4.11　QL-d 算法下休眠增益与状态置信向量量化精度的
变化关系（地点为 dmW）

另一方面，环境模拟带来的性能提升不是没有代价的，模型拟合和模拟数据的生成都带来了额外的计算复杂度。相比上述手段带来的性能提升量，在计算资源受限的场景下其所带来的计算代价提升可能更高。此外，在其他的场景中 IPP 模型可能并不适合用来建模，需要逐场景进行测试；相比之下，端到端的深度 Q 网络不需要环境模型，因而可以直接用于不同的场景。

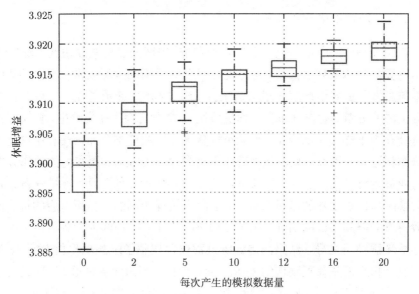

图 4.12　DQN-d 算法下休眠增益与 DynaQ 机制产生模拟样本
数量的关系（地点为 dmW）

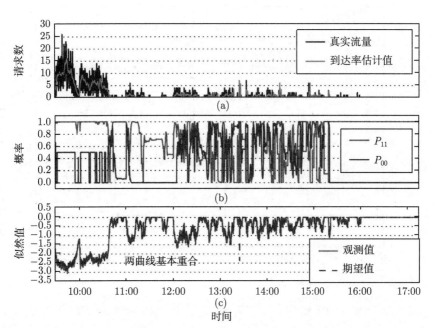

图 4.13　间歇泊松过程（IPP）流量模型的拟合结果

4.4.2.5 动作平衡的经历回放

图 4.14(a) 对比了在使用和未使用动作平衡的经历回放情况下深度 Q 网络算法的休眠增益曲线，可见动作平衡的经历回放可以带来更高的休眠增益。为了更好地理解上述增益来源，图 4.14(b) 展示了在一小段测试数据上的业务量、动作分布和动作价值函数 Q 值。因为在实验中，算法每次从缓存中采样 1/4 的样本，因此小批量采样中的样本分布与缓存中的样本分布相近。从图中可见未使用动作平衡的经历回放时，缓存内的动作分布与业务量特性动态相关，尤其是在流量的高峰期和低谷期，流量分布分别被唤醒和休眠动作的经历所主导，因此未被观测到的动作所对应的价值函数值不能得到很好的估计。如图 4.14 所示，上午 11:00 前业务量很大而缓存被唤醒经历主导，结果网络训练过程仅仅调整了唤醒动作代表的 Q 值而没有相应调整休眠动作的 Q 值。而在此时，因为业务量很大，休眠动作的 Q 值应该是一个很小的负数。相比之下，使用动作平衡经历回放的算法可以有效避免这种情况。

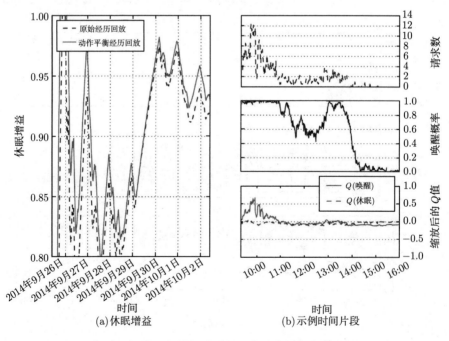

图 4.14　动作平衡经历回放的有效性（奖励线性组合系数 $w = 0.7$）

4.4.2.6　自适应奖励缩放

图 4.15(a) 和图 4.15(b) 分别展示了使用不同奖励缩放方法和不同奖励折扣系数下的算法休眠增益。注意在使用固定的奖励缩放系数时，需要根据在不同奖励折扣系数下动作价值函数的取值范围确定，过小的缩放系数会导致网络输出饱和，而过大的缩放系数会减慢学习速度。相比之下，使用了自适应奖励缩放的算法，其休眠增益接近或超过各固定缩放系数中性能最好的配置。图 4.15(c) 中展示了自适应奖励缩放算法训练过程中，奖励缩放系数、训练损失函数和动作价值函数的变化趋势。开始阶段奖励缩放系数较小，缩放后的奖励值在网络输出相应范围之外，因此网络输出饱和且损失函数由饱和惩罚项主导。随着训练过程的进行，算法逐渐增加奖励缩放系数，直到缩放后的奖励值回到网络输出动态范围之内，并且饱和惩罚开始消失，总体损失函数逐渐被时间差分误差所主导。接着，随着训练过程的进行，动作价值函数估计越来越精确，时间差分误差也逐渐减小，奖励缩放系数的调整逐渐变慢。

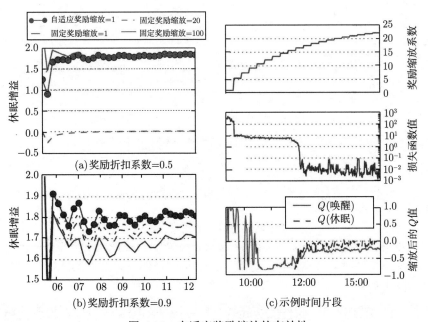

图 4.15　自适应奖励缩放的有效性

4.4.2.7　时延能量折中

时延能量折中是基站休眠操作中的一个基础性的折中关系，激进的休眠策略一方面能带来更多的能量节省，但是也会因为对请求的排队带来额外的时延。因此在实际的系统设计中，需要能够灵活地选取折中点以平衡运营商和网络用户的偏好。本节中提出的DeepNap休眠算法可以通过调整系统奖励函数中业务奖励和运行开销的线性组合系数 w 来实现灵活的折中。图 4.16 中展示了采取不同组合系数 w 时的平均请求时延和相应的能量消耗，可见随着 w 的改变可以获得一条单调的能量–时延折中曲线。

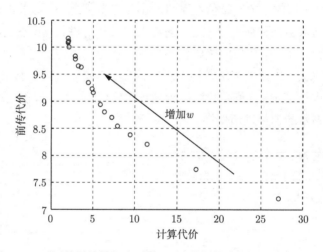

图 4.16　不同奖励线性组合系数 w 下的平均请求时延和能量消耗

w 取值小时更关注能量消耗，因此对应的休眠策略具有相对较小的能耗和更大的时延

4.5　本章小结

本章讨论利用软件定义超蜂窝网络中丰富的边缘通用计算资源，基于深度学习模型对业务小区进行数据驱动的休眠控制以降低网络运行开销并提高服务质量。

（1）首先提出了软件定义超蜂窝网络中基于深度学习的数据驱动休眠控制框架。该框架功能根据工作时间尺度分为两个部分，其中基于信道预测的业务基站的接入控制与长时休眠模块工作在分钟到小时的长时间尺度上,而针对未休眠基站的短时休眠控制模块工作在秒到分钟的短时间尺度上。接入控制与长时休眠模块利用用户到控制基站信道与业务基站信道响应间的非线性相关性,基于有监督学习方法进行控制基站到业务基站的跨小区信道预测,大幅降低密集业务基站部署下的信道信息获取开销。业务基站短时休眠控制模块基于深度强化学习方法在线学习最优休眠控制策略,相比传统方法其对模型和领域专业知识依赖性弱。

(2) 面向控制基站到业务基站的跨小区信道预测问题提出信道学习算法。首先基于隐式地理位置估计给出算法原理分析。针对无线衰落信道响应的统计特征提出了信号预处理方法进行稀疏高斯化,并采用有监督机器学习方法进行模型的训练。实验采用基于几何的随机信道模型进行超蜂窝网络的信道仿真以获取信道数据,结果显示跨小区信道学习算法在 5 个业务基站场景中预测准确率可达 73%,相比之下传统的 K 近邻机器学习方法准确率只有 50% 左右,而使用了精确用户地理位置信息的相同复杂度深度学习模型只能将准确度提高约 3.9%,证明了信道学习算法在跨小区信道预测任务上的有效性。此外还研究了控制基站天线阵列单元数和散射体数目对于预测准确率的影响,发现阵列单元数越多,散射体数目越少,预测准确度越高。

(3) 面向业务基站的短时休眠控制问题提出基于深度强化学习的 Deep-Nap 休眠控制算法。算法基于深度 Q 网络强化学习算法进行在线的休眠策略学习。针对无线网络流量的非平稳性改进了原始的深度 Q 网络强化学习算法,提出动作平衡的经历回放和自适应奖励缩放机制。此外算法提出使用 IPP 模型进行环境动态建模并利用模型产生大量模拟数据加速深度 Q 网络的训练。在实验中利用 DragonEye 网络仿真器结合网络实测数据进行算法性能的测试,结果显示采用深度强化学习相比传统基于表格的 Q 学习算法可以大幅提高休眠效率,此外采用环境估计与模拟的算法变种相比,采用原始业务量作为输入的端到端学习方式可以小幅提升休眠效率。测试结果也显示动作平衡的经历回放和自适应奖励缩放模块可以大大提升深度 Q 网络的训练收敛速度和稳定性。此外,DeepNap 算法中的奖励函数提供一个可调节参数以控制对于尽快服务和休眠节能的不同偏好,改变参数可以形成具有不同时延能量折中的休眠策略。

第5章　总结与展望

近年来移动网络业务量快速增长且业务种类日益丰富。为了满足迅速演变的业务需求，蜂窝通信技术也正快速演进，向着密集、宽频、异构、协作、灵活、通信计算存储深度融合的形态发展。C-RAN 是近年来出现的一种新型无线接入网架构，通过在大量部署的计算资源上集中处理通信基带功能提高资源利用率并降低成本，是 5G 蜂窝通信系统的重要使能技术之一。然而传统 C-RAN 需要从各小区站址汇集高带宽的基带采样信号以便进行集中处理。该过程过于依赖昂贵的前传通信资源，通信与计算的失配造成了系统成本的极大提升和系统性能的降低。本书在此背景下提出了一种软件定义超蜂窝网络架构，通过控制平面对异构数据平面资源的集中协调进行通信与计算的协同设计与优化，进而降低网络成本和提升网络性能。研究成果分为通信与计算双重约束下虚拟基站池部署规模分析、面向前传带宽压缩的基带功能分布式部署算法、基于深度学习计算模型的高效网络休眠控制三个部分，具体内容如下。

（1）提出了软件定义超蜂窝网络架构，并通过排队模型给出了通信资源与计算资源双重约束下的最优虚拟基站池部署规模。针对虚拟基站池排队模型维度过高的问题，给出了计算资源统计复用增益的低复杂度递归求解法和大池近似闭式表达式。数值结果显示虚拟基站池的统计复用增益在池较小时随规模增加但边际效应迅速递减，考虑到虚拟基站池的前传汇聚成本，部署中等规模的基站池更加经济。

（2）提出了通过基带功能分布式部署压缩前传带宽的两种算法，以及一种基于包交换的软件定义前传网架构。其中一种算法基于低复杂度基带逆操作对 LTE 下行时域基带信号进行压缩，可达压缩比是已有时域基带压缩算法的 10 倍。另一种算法基于图聚类和定制遗传算法给出基带功能的分布式部署方案以降低前传带宽。该算法可以对具有协作传输功能和多种时延约束的广义基带处理结构给出分布式部署方案，并根据设计偏好在计算成本和前传成本间进行灵活折中。进一步，还提出了一种软件定义前传网络架构。该架构基于包交换技术，可以通过灵活的包调度与路由承载基带功能分布式部署产生的复杂前传流量。

（3）基于深度学习计算模型提出了数据驱动的网络休眠控制框架以进一步降低软件定义超蜂窝网络的运行开销。该框架包含运行在长短两个时间尺度上的深度神经网络模型，分别负责接入控制与动态休眠控制。这两个模型分别通过有监督学习和强化学习方式进行训练，且训练流程针对无线信道和移动业务的特性进行了优化。基于网络仿真与数据驱动网络模拟的实验显示本书提出的数据驱动休眠控制框架可以通过跨小区信道预测有效节省接入控制阶段的信道信息获取开销，并在短时休眠控制阶段自动学习到显著优于已有研究结果的休眠策略。

本书提出的软件定义超蜂窝网络架构有机融合了超蜂窝网络与 C-RAN 的优点，研究成果从架构、理论、算法三个层次研究了软件定义超蜂窝网络中通信与计算的协同设计和优化问题。第一部分内容针对前传汇聚成本高的问题，基于一个通信与计算双重约束的虚拟基站池排队模型对虚拟基站池的最优部署规模进行了量化分析。第二部分内容研究了通过基带功能的分布式部署进一步降低前传汇聚成本的方法，分别针对现有基带处理结构和未来演进可能出现的新结构提出了两种高效的压缩算法，以及一种基于包交换的软件定义前传架构以承载具有突发性和复杂逻辑拓扑的前传流量。第三部分内容提出了基于深度学习的网络休眠控制框架。该框架混合利用有监督学习与强化学习方法，在长短两个时间尺度上训练深度学习模型并对网络实施数据驱动的休眠控制，可以大幅降低信道信息获取开销并提升网络运行效率。

软件定义超蜂窝网络中通信与计算的协同设计与优化具有广阔外延，进一步的研究可以从下述方向开展。

（1）软件定义超蜂窝网络及软件定义前传网虽然已初步实现，但是运行性能离实用尚有差距，因此需要对控制与数据分离、虚拟基站池化和资源虚拟化等功能进行更高效的实现。

（2）软件定义超蜂窝网络引入了多种新型边缘网络实体，如逻辑集中的控制平面、通用计算资源、前传交换机等。这些新型实体为理论分析和算法设计提供了巨大的空间，形成了包括计算资源的高能效调度与前传带宽统计复用在内的多项新颖研究课题。

（3）基带功能的分布式部署实际上只是计算功能灵活部署的特例。从更广义的角度还可以结合移动终端与互联网的计算资源提供其他更新颖的通信服务范式，包括超低时延触感互联网应用和面向车联网的低时延边缘云计算等。

（4）软件定义超蜂窝网络中灵活可重构的数据平面需要进行高效的控制才能发挥最大作用，因此基于人工智能的控制算法是提升系统性能的关键技术。本书提出的深度学习网络控制框架可以进行多方向的扩展以充分挖掘传播环境和用户业务中的规律性。可能的研究课题包括数据驱动的传输码本选择、负载均衡、终端定位、物理探测、用户建模等。

参 考 文 献

[1] Ericsson. Ericsson mobility report[EB/OL]. [2017-03-02]. https://www.eric-sson.com/assets/local/mobility-report/documents/2016/ericsson-mobility-report-november-2016.pdf.

[2] Cisco. Cisco visual networking index: Global mobile data traffic forecast update, 2016-2021 white paper[EB/OL]. [2017-03-02]. http://www.cisco.com/c/en/us/solutions/collateral/service-provider/visual-networking-index-vni/mobile-white-paper-c11-520862.html.

[3] Andrews J G, Buzzi S, Choi W, et al. What will 5G be[J]. IEEE Journal on Selected Areas in Communications, 2014, 32(6): 1065–1082.

[4] Bhushan N, Li J, Malladi D, et al. Network densification: the dominant theme for wireless evolution into 5G[J]. IEEE Communications Magazine, 2014, 52(2): 82–89.

[5] Larsson E G, Edfors O, Tufvesson F, et al. Massive MIMO for next generation wireless systems[J]. IEEE Communications Magazine, 2014, 52(2): 186–195.

[6] Choi J I, Jain M, Srinivasan K, et al. Achieving single channel, full duplex wireless communication[C]. Proceedings of the Sixteenth Annual International Conference on Mobile Computing and Networking. NY, USA: ACM, 2010: 1–12.

[7] Yuan G, Zhang X, Wang W, et al. Carrier aggregation for LTE-advanced mobile communication systems[J]. IEEE Communications Magazine, 2010, 48(2): 88–93.

[8] Niu Y, Li Y, Jin D, et al. A survey of millimeter wave communications (mmWave) for 5G: opportunities and challenges[J]. Wireless Networks, 2015, 21(8): 2657–2676.

[9] Zhang R, Wang M, Cai L X, et al. LTE-unlicensed: the future of spectrum aggregation for cellular networks[J]. IEEE Wireless Communications, 2015,

22(3): 150–159.

[10] Hu R Q, Qian Y. An energy efficient and spectrum efficient wireless heterogeneous network framework for 5G systems[J]. IEEE Communications Magazine, 2014, 52(5): 94–101.

[11] Galinina O, Pyattaev A, Andreev S, et al. 5G multi-RAT LTE-WiFi ultra-dense small cells: Performance dynamics, architecture, and trends[J]. IEEE Journal on Selected Areas in Communications, 2015, 33(6): 1224–1240.

[12] Doppler K, Rinne M, Wijting C, et al. Device-to-device communication as an underlay to LTE-advanced networks[J]. IEEE Communications Magazine, 2009, 47(12): 42–49.

[13] Zhou S, Niu Z, Yang P, et al. CHORUS: A framework for scalable collaboration in heterogeneous networks with cognitive synergy[J]. IEEE Wireless Communications, 2013, 20(4): 133–139.

[14] Sawahashi M, Kishiyama Y, Morimoto A, et al. Coordinated multipoint transmission/reception techniques for LTE-advanced[J]. IEEE Wireless Communications, 2010, 17(3): 26–34.

[15] Boudreau G, Panicker J, Guo N, et al. Interference coordination and cancellation for 4G networks[J]. IEEE Communications Magazine, 2009, 47(4): 74–81.

[16] Taleb T, Kunz A. Machine type communications in 3GPP networks: Potential, challenges, and solutions[J]. IEEE Communications Magazine, 2012, 50(3): 178-184.

[17] Ahmed A, Ahmed E. A survey on mobile edge computing[C]. Proceedings of the 10th International Conference on Intelligent Systems and Control (ISCO). NY, USA: IEEE, 2016: 1–8.

[18] Zhou S, Gong J, Zhou Z, et al. Greendelivery: Proactive content caching and push with energy-harvesting-based small cells[J]. IEEE Communications Magazine, 2015, 53(4): 142–149.

[19] Lambert S, Heddeghem W V, Vereecken W, et al. Worldwide electricity consumption of communication networks[J]. Optics Express, 2012, 20(26): B513–B524.

[20] C114. China Mobile's 4G base stations reach 11 million, its total base stations reach 266 million[EB/OL]. [2017-03-02]. http://www.cn-c114.net/576/a941920.html.

[21] Alsharif M H, Nordin R, Ismail M. Survey of green radio communications networks: Techniques and recent advances[J]. Journal of Computer Networks and Communications, 2013, doi:10.1155/2013/453893.

[22] 中国移动通信研究院. C-RAN白皮书: 无线接入网绿色演进 [EB/OL]. [2017-03-02]. http://labs.chinamobile.com/cran/wp-content/uploads/2014/06/20140613-C-RAN%E7%99%BD%E7%9A%AE%E4%B9%A63.0.pdf.

[23] Lin Y, Shao L, Zhu Z, et al. Wireless network cloud: Architecture and system requirements[J]. IBM Journal of Research and Development, 2010, 54(1): 4:1–4:12.

[24] NGMN Alliance. Suggestions on potential solutions to C-RAN[EB/OL]. [2017-03-02]. http://www.ngmn-ic.info/uploads/media/NGMN_CRAN_Suggestions_on_Potential_Solutions_to_CRAN.pdf.

[25] Simeone O, Maeder A, Peng M, et al. Cloud radio access network: Virtualizing wireless access for dense heterogeneous systems[EB/OL]. ArXiv e-prints, 2015.

[26] Nguyen V G, Do T X, Kim Y. SDN and virtualization-based LTE mobile network architectures: a comprehensive survey[J]. Wireless Personal Communications, 2016, 86(3): 1401–1438.

[27] ETSI. Network functions virtualisation (NFV); architectural framework [EB/OL]. [2017-03-02]. http://www.etsi.org/deliver/etsi_gs/nfv/001_099/002/01.01.01_60/gs_nfv002v010101p.pdf.

[28] Zhu Z, Gupta P, Wang Q, et al. Virtual base station pool: towards a wireless network cloud for radio access networks[C]. Proceedings of the 8th ACM International Conference on Computing Frontiers. NY, USA: ACM, 2011.

[29] Bhaumik S, Chandrabose S P, Jataprolu M K, et al. CloudIQ: a framework for processing base stations in a data center[C]. Proceedings of the 18th Anual International Conference on Mobile Computing and Networking. NY, USA: ACM, 2012: 125–136.

[30] Yang Q, Li X, Yao H, et al. BigStation: Enabling scalable real-time signal processingin large MU-MIMO systems[C]. Proceedings of the ACM SIGCOMM 2013 conference. NY, USA: ACM, 2013: 399–410.

[31] Gomez-Miguelez I, Marojevic V, Gelonch A. Deployment and management of SDR cloud computing resources: Problem definition and fundamental limits[J]. EURASIP Journal on Wireless Communications and Networking, 2013,

2013(1): 59.

[32] Gomez I, Marojevic V, Gelonch A. Resource management for software-defined radio clouds[J]. IEEE Micro, 2012, 32(1): 44–53.

[33] CPRI Cooperation. CPRI specification v60: Interface specification[EB/OL]. [2017-03-02]. http://www.cpri.info/downloads/CPRI_v_6_0_2013-08-30.pdf.

[34] Chih-Lin I, Huang J, Duan R, et al. Recent progress on C-RAN centralization and cloudification[J]. IEEE Access, 2014, 2: 1030–1039.

[35] Sundaresan K, Arslan M Y, Singh S, et al. FluidNet: a flexible cloud-based radio access network for small cells[C]. Proceedings of the 19th Annual International Conference on Mobile computing and networking. NY, USA: ACM, 2013: 99–110.

[36] Samardzija D, Pastalan J, MacDonald M, et al. Compressed transport of baseband signals in radio access networks[J]. IEEE Transactions on Wireless Communications, 2012, 11(9): 3216–3225.

[37] Dötsch U, Doll M, Mayer H P, et al. Quantitative analysis of split base station processing and determination of advantageous architectures for LTE[J]. Bell Labs Technical Journal, 2013, 18(1): 105–128.

[38] 牛志升, 周盛, 周世东, 等. 能效与资源优化的超蜂窝移动通信系统新架构及其技术挑战[J]. 中国科学: 信息科学, 2012, 42(10): 1191–1203.

[39] Zhou S, Zhao T, Niu Z, et al. Software-defined hyper-cellular architecture for green and elastic wireless access[J]. IEEE Communications Magazine, 2016, 54(1): 12–19.

[40] Niu Z, Guo X, Zhou S, et al. Characterizing energy-delay tradeoff in hyper-cellular networks with base station sleeping control[J]. IEEE Journal on Selected Areas in Communications, 2015, 33(4): 641–650.

[41] Zhang S, Gong J, Zhou S, et al. How many small cells can be turned off via vertical offloading under a separation architecture?[J]. IEEE Transactions on Wireless Communications, 2015, 14(10): 5440–5453.

[42] Zhang S, Zhang N, Zhou S, et al. Energy-aware traffic offloading for green heterogeneous networks[J]. IEEE Journal on Selected Areas in Communications, 2016, 34(5): 1116–1129.

[43] Liu J, Zhao T, Zhou S, et al. CONCERT: a cloud-based architecture for next-generation cellular systems[J]. IEEE Wireless Communications, 2014, 21(6): 14–22.

[44] Liu J, Zhou S, Gong J, et al. On the statistical multiplexing gain of virtual base station pools[C]. Proceedings of the 2014 IEEE Global Communications Conference. NY, USA: IEEE, 2014: 2283–2288.

[45] Liu J, Zhou S, Gong J, et al. Statistical multiplexing gain analysis of heterogeneous virtual base station pools in cloud radio access networks[J]. IEEE Transactions on Wireless Communications, 2016, 15(8): 5681–5694.

[46] Zhou S, Liu J, Zhao T, et al. Chapter 14: Toward green deployment and operation for C-RAN[M]//Quek T Q, Peng M, Simeone O, Yu W. Cloud Radio Access Networks: Principles, Technologies, and Applications. Cambridge: Cambridge University Press, 2017: 347–376.

[47] Liu J, Zhou S, Gong J, et al. Graph-based framework for flexible baseband function splitting and placement in C-RAN[C]. Proceedings of the 2015 IEEE International Conference on Communications (ICC). NY, USA: IEEE, 2015: 1958–1963.

[48] Liu J, Xu S, Zhou S, et al. Redesigning fronthaul for next-generation networks: beyond baseband samples and point-to-point links[J]. Wireless Communications, IEEE, 2015, 22(5): 90–97.

[49] Liu J, Deng R, Zhou S, et al. Seeing the unobservable: Channel learning for wireless communication networks[C]. Proceedings of the 2015 IEEE Global Communications Conference (GLOBECOM). NY, USA: IEEE 2015: 1–6.

[50] Werthmann T, Grob-Lipski H, Proebster M. Multiplexing gains achieved in pools of baseband computation units in 4G cellular networks[C]. Proceedings of the IEEE 24th International Symposium on Personal Indoor and Mobile Radio Communications (PIMRC). NY, USA: IEEE, 2013: 3328–3333.

[51] Borst S. User-level performance of channel-aware scheduling algorithms in wireless data networks[J]. IEEE/ACM Transactions on Networking, 2005, 13(3): 636–647.

[52] Son K, Kim H, Yi Y, et al. Base station operation and user association mechanisms for energy-delay tradeoffs in green cellular networks[J]. IEEE Journal on Selected Areas in Communications, 2011, 29(8): 1525–1536.

[53] Ross K, Tsang D H K. The stochastic knapsack problem[J]. IEEE Transactions on Communications, 1989, 37(7): 740–747.

[54] Cello M, Gnecco G, Marchese M, et al. Optimality conditions for coordinate-convex policies in CAC with nonlinear feasibility boundaries[J]. IEEE/ACM

Transactions on Networking, 2013, 21(5): 1363-1377.

[55] Kaufman J. Blocking in a shared resource environment[J]. IEEE Transactions on Communications, 1981, 29(10): 1474–1481.

[56] Wolff R W. Poisson arrivals see time averages[J]. Operations Research, 1982, 30(2): 223–231.

[57] Lloyd S. Least squares quantization in PCM[J]. IEEE Transactions on Information Theory, 1982, 28(2): 129–137.

[58] Schaeffer S E. Graph clustering[J]. Computer Science Review, 2007, 1(1): 27–64.

[59] Mitchell M. An Introduction to Genetic Algorithms[M]. Cambridge: MIT Press, 1998.

[60] Wubben D, Rost P, Bartelt J S, et al. Benefits and impact of cloud computing on 5G signal processing: Flexible centralization through cloud-RAN[J]. IEEE Signal Processing Magazine, 2014, 31(6): 35–44.

[61] Rodrigues S. IEEE-1588 and synchronous Ethernet in telecom[C]. Proceedings of the 2007 IEEE International Symposium on Precision Clock Synchronization for Measurement, Control and Communication. NY, USA: IEEE, 2007: 138–142.

[62] LeCun Y, Bengio Y, Hinton G. Deep learning[J]. Nature, 2015, 521(7553): 436–444.

[63] Mnih V, Kavukcuoglu K, Silver D, et al. Playing Atari with deep reinforcement learning[EB/OL]. arXiv preprint arXiv:1312.5602, 2013.

[64] Mnih V, Kavukcuoglu K, Silver D, et al. Human-level control through deep reinforcement learning[J]. Nature, 2015, 518(7540): 529–533.

[65] Silver D, Huang A, Maddison C J, et al. Mastering the game of Go with deep neural networks and tree search[J]. Nature, 2016, 529(7587): 484–489.

[66] Narasimhan K, Kulkarni T, Barzilay R. Language understanding for text-based games using deep reinforcement learning[EB/OL]. arXiv preprint arXiv:1506.08941, 2015.

[67] Marsan M A, Chiaraviglio L, Ciullo D, et al. Optimal energy savings in cellular access networks[C]. 2009 IEEE International Conference on Communications Workshops, Dresden, Germany, 2009.

[68] Zhang S, Wu J, Gong J, et al. Energy-optimal probabilistic base station sleeping under a separation network architecture[C]. Proceedings of the 2014

IEEE Global Communications Conference. NY, USA: IEEE, 2014: 4239–4244.

[69] Oh E, Krishnamachari B, Liu X, et al. Toward dynamic energy-efficient operation of cellular network infrastructure[J]. IEEE Communications Magazine, 2011, 49(6): 56–61.

[70] Son K, Kim H, Yi Y, et al. Base station operation and user association mechanisms for energy-delay tradeoffs in green cellular networks[J]. IEEE Journal on Selected Areas in Communications, 2011, 29(8): 1525–1536.

[71] Jose J, Ashikhmin A, Marzetta T L, et al. Pilot contamination and precoding in multi-cell TDD systems[J]. IEEE Transactions on Wireless Communications, 2011, 10(8): 2640–2651.

[72] Jiang Z, Zhou S, Niu Z. Dynamic channel acquisition in MU-MIMO[J]. IEEE Transactions on Communications, 2014, 62(12): 4336–4348.

[73] Jiang Z, Molisch A F, Caire G, et al. Achievable rates of FDD massive MIMO systems with spatial channel correlation[J]. IEEE Transactions on Wireless Communications, 2015, 14(5): 2868–2882.

[74] Slock D. Location-aided wireless communications[C]. Proceedings of the 2012 5th International Symposium on Communications Control and Signal Processing (ISCCSP). NY, USA: IEEE, 2012.

[75] Di Taranto R, Muppirisetty S, Raulefs R, et al. Location-aware communications for 5G networks: How location information can improve scalability, latency, and robustness of 5G[J]. IEEE Signal Processing Magazine, 2014, 31(6): 102–112.

[76] Niu Z, Zhang J, Guo X, et al. On energy-delay tradeoff in base station sleep mode operation[C]. Proceedings of the 2012 IEEE International Conference on Communication Systems (ICCS). NY, USA: IEEE, 2012: 235–239.

[77] Guo X, Zhou S, Niu Z, et al. Optimal wake-up mechanism for single base station with sleep mode[C]. Proceedings of the 2013 25th International Teletraffic Congress (ITC). NY, USA: IEEE, 2013: 1–8.

[78] Heyman P. Optimal operating policies for M/G/1 queuing systems[J]. Operations Research, 1968, 16(2): 362–382.

[79] Kamitsos I, Andrew L, Kim H, et al. Optimal sleep patterns for serving delay-tolerant jobs[C]. Proceedings of the 1st International Conference on Energy-Efficient Computing and Networking. NY, USA: ACM, 2010: 31–40.

[80] Wu J, Zhou S, Niu Z. Traffic-aware base station sleeping control and power matching for energy-delay tradeoffs in green cellular networks[J]. IEEE Transactions on Wireless Communications, 2013, 12(8): 4196–4209.

[81] Wu J, Bao Y, Miao G, et al. Base-station sleeping control and power matching for energy-delay tradeoffs with bursty ttraffic[J]. IEEE Transactions on Vehicular Technology, 2016, 65(5): 3657–3675.

[82] Leng B, Krishnamachari B, Guo X, et al. Optimal operation of a green server with bursty traffic[C]. Proceedings of the 2016 IEEE Global Communications Conference. NY, USA: IEEE 2016.

[83] Leland W E, Taqqu M S, Willinger W, et al. On the self-similar nature of ethernet traffic (extended version)[J]. IEEE/ACM Transactions on Networking, 1994, 2(1): 1–15.

[84] Karagiannis T, Molle M, Faloutsos M, et al. A nonstationary Poisson view of internet traffic[C]. INFOCOM 2004. Twenty-third Annual Joint Conference of the IEEE Computer and Communications Societies, volume 3, 2004: 1558–1569.

[85] Marzetta T L. Noncooperative cellular wireless with unlimited numbers of base station antennas[J]. IEEE Transactions on Wireless Communications, 2010, 9(11): 3590–3600.

[86] Molisch A. A generic model for MIMO wireless propagation channels in macro- and microcells[J]. IEEE Transactions on Signal Processing, 2004, 52(1): 61–71.

[87] Golik P, Doetsch P, Ney H. Cross-entropy vs. squared error training: a theoretical and experimental comparison[C]. Proceedings of the 14th Annual Conference of the International Speech Communication Association. Winona USA: ISCA, 2013: 1756–1760.

[88] Watkins C J, Dayan P. Q-learning[J]. Machine Learning, 1992, 8(3-4): 279–292.

[89] Fischer W, Meier-Hellstern K. The Markov-modulated Poisson process (MMPP) cookbook[J]. Performance Evaluation, 1993, 18(2): 149–171.

[90] Baum L E, Petrie T, Soules G, et al. A maximization technique occurring in the statistical analysis of probabilistic functions of Markov chains[J]. The Annals of Mathematical Statistics, 1970, 41(1): 164–171.

[91] Sutton R S. Integrated modeling and control based on reinforcement learning

and dynamic programming[C]. Advances in Neural Information Processing Systems, 1991, 3: 471–478.

[92] Sutton R S, Barto A G. Introduction to Reinforcement Learning, volume 135[M]. Cambridge: MIT Press, 1998.

[93] Glorot X, Bengio Y. Understanding the difficulty of training deep feedforward neural networks[C]. International Conference on Artificial Intelligence and Statistics. Cambridge: MIT Press, 2010: 249–256.

[94] Yau K A, Komisarczuk P, Teal P D. Reinforcement learning for context awareness and intelligence in wireless networks: review, new features and open issues[J]. Journal of Network and Computer Applications, 2012, 35(1): 253–267.

[95] Bkassiny M, Li Y, Jayaweera S K. A survey on machine-learning techniques in cognitive radios[J]. IEEE Communications Surveys and Tutorials, 2013, 15(3): 1136–1159.

[96] Wang W, Kwasinski A, Niyato D, et al. A survey on applications of model-free strategy learning in cognitive wireless networks[EB/OL]. arXiv preprint arXiv:1504.03976, 2015.

[97] Galindo-Serrano A, Giupponi L. Distributed Q-learning for aggregated interference control in cognitive radio networks[J]. IEEE Transactions on Vehicular Technology, 2010, 59(4): 1823–1834.

[98] Schaul T, Quan J, Antonoglou I, et al. Prioritized experience replay[EB/OL]. arXiv preprint arXiv:1511.05952, 2015.

[99] Liu J, Krishnamachari B, Zhou S, et al. Painting the DragonEye: From inanimate data to interactive control emulation of cellular networks[EB/OL]. http://anrg.usc.edu/www/papers/DragonEye_ANRG_TechReport.pdf.

在学期间发表的学术论文与研究成果

发表的学术论文

[1] **Liu J**, Zhou S, Gong J, et al. Statistical multiplexing gain analysis of heterogeneous virtual base station pools in cloud radio access networks[J]. IEEE Transactions on Wireless Communications, 2016, 15(8): 5681-5694. (SCI 收录，检索号：DT5GO，影响因子：2.925)

[2] **Liu J**, Xu S, Zhou S, et al. Redesigning fronthaul for next-generation networks: beyond baseband samples and point-to-point links[J]. IEEE Wireless Communications, 2015，22(5): 90-97. (SCI 收录，检索号：CV4IX，影响因子：4.148)

[3] **Liu J**, Zhao T, Zhou S, et al. CONCERT: a cloud-based architecture for next-generation cellular systems[J]. IEEE Wireless Communications, 2014, 21(6): 14-22. (SCI 收录，检索号：AY1XH，影响因子：5.417)

[4] **Liu J**, Deng R, Zhou S, et al. Seeing the unobservable: channel learning for wireless communication networks[C]. IEEE Globecom'15. San Diego, CA, USA, 2015. (EI 收录，检索号：20161902354616)

[5] **Liu J**, Zhou S, Gong J, et al. Graph-based framework for flexible baseband function splitting and placement in C-RAN[C]. IEEE ICC'15. London, UK, 2015. (EI 收录，检索号：20160201791546)

[6] **Liu J**, Zhou S, Gong J, et al. On the statistical multiplexing gain of virtual base station pools[C]. IEEE Globecom'14. Austin, TX, USA, 2014. (EI 收录，检索号：20151100632356)

[7] Leng B, **Liu J**, Pan H, et al. Topic model based behaviour modeling and clustering analysis for wireless network users[C]. APCC'15. Kyoto, Japan, 2015. (EI 收录，检索号：20161802340027)

[8] Pan H, **Liu J**, Zhou S, et al. A block regression model for short-term mobile traffic forecasting[C]. IEEE/CIC ICCC'15. Shenzhen, China, 2015. (EI 收录，检索号：20162002400572)

学术专著章节

Zhou S, **Liu J**, Zhao T, et al. Chapter 14: Toward green deployment and opera-
tion for C-RAN[G] // Quek T Q, Peng M, Simeone O, et al. Cloud Radio Access
Networks: Principles, Technologies, and Applications. Cambridge: Cambridge Uni-
versity Press, 2017: 347-376. (ISBN: 9781316529669)

致　　谢

导师牛志升教授是我在为人和为学道路上的引路人，从本科课堂的偶遇到博士研究生期间多年的言传身教，都让我受益终身。实验室的周盛教授和龚杰博士是我无可争议的大师兄，对我博士研究生期间所有研究工作给予了细致耐心的指导。感谢 Niulab 所有同学共同营造了一个温馨与创新共存的研究环境，尤其是在项目中肩并肩努力过的姜之源博士和赵涛、邓瑞琛、潘慧敏、冷冰洁、陈晟、施文琦同学。

感谢伊利诺伊理工大学的程雨教授启发和支持我在博士研究生二年级尝试第一次论文投稿。在美国南加州大学进行访问期间，Bhaskar Krishna-machari 教授和 ANRG 研究组的同学们在工作与生活方面都给予了我很大的支持，让我在异国他乡度过了难忘的半年。在此表达诚挚感谢。

博士研究生期间还承蒙国家自然科学基金、英特尔公司与日立公司的资助。徐树公教授帮助我拓宽了业界视角，让我更好地将理论与实际相结合。郑萌先生和耿璐女士也在合作项目中对我提携颇多。在此一并致谢。

特别感谢父亲刘荣旭先生和母亲杨秀燕女士，无论何种人生起伏，我都会在您们营造的家中感到温暖。还要感谢女友黄莹女士，虽然从本科毕业开始就与我分隔两地，但距离并没有阻挡你对我的陪伴与支持。

最后感谢 ThuThesis 项目简化了博士论文的写作过程，让我能更加关注对研究工作本身的总结。